AF626216

Jochen von Fircks

WIKINGERSCHIFFE

Jochen von Fircks

WIKINGERSCHIFFE

HINSTORFF

Die deutsche Bibliothek verzeichnet diese Publikation in der Deutschen Nationalbibliografie; detaillierte bibliografische Daten sind im Internet über http://dnb.ddb.de abrufbar.

© Hinstorff Verlag GmbH, Rostock 2014
Lagerstraße 7 | 18055 Rostock
Tel. 0381/4969-0
www.hinstorff.de

Alle Rechte vorbehalten, Reproduktionen, Speicherungen in Datenverarbeitungsanlagen, Wiedergabe auf fotomechanischen, elektronischen oder ähnlichen Wegen, Vortrag und Funk – auch auszugsweise – nur mit Genehmigung des Verlages.

1. Auflage 2014

Herstellung: Hinstorff Verlag GmbH
Druck und Bindung: Westermann Druck, Zwickau GmbH
Printed in Germany
ISBN 978-3-356-01821-9

INHALT

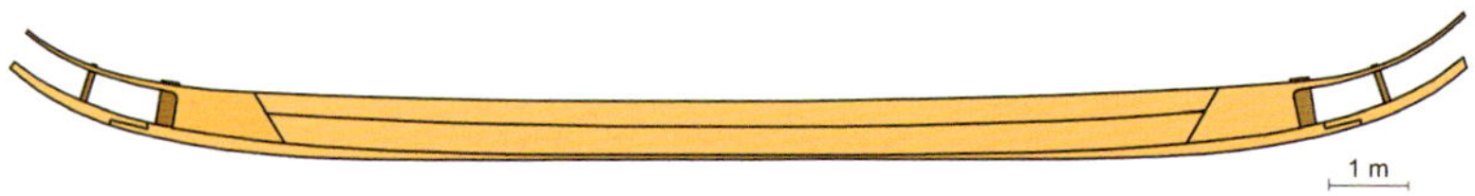

Seitenansicht vom Hjortspringboot (Bauzeit 350 v. Chr., 15,3 m lang, 2,07 m breit, 20 Paddelplätze, loses Steuerpaddel achtern und wahrscheinlich auch vorn)

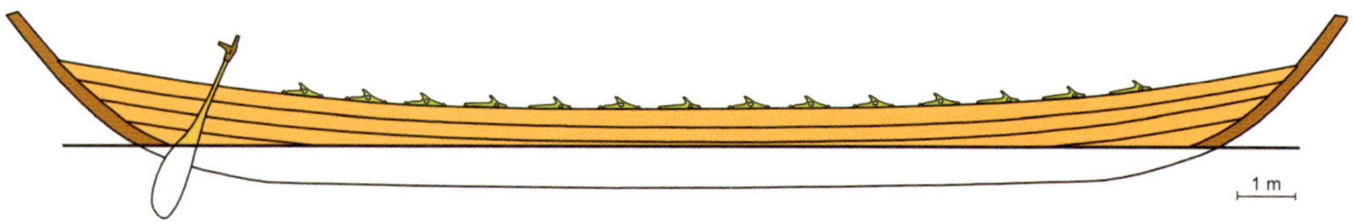

Seitenansicht des Nydambootes (Bauzeit 300 n. Chr., 22,85 m lang, 3,37 m breit, 30 Ruderplätze, Seitenruder steuerbords)

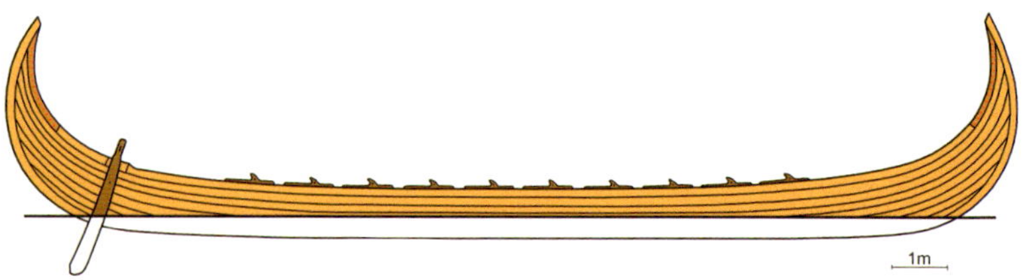

Seitenansicht vom großen Kvalsundboot (Bauzeit 650 ± 70 n. Chr., 18 m lang, 3,2 m breit, 20 Ruderplätze, Seitenruder steuerbords)

Einleitung

Seegehende Schiffe waren für die Wikinger eine Voraussetzung, um als Räuber, Krieger, Händler, Siedler oder Entdecker über Nordeuropa hinaus aufzutreten.

Vorgänger ihrer Schiffe – außer Mast und Segel – sind durch archäologische Funde bekannt. Wichtig sind dabei das Hjortspringsboot aus der Bronzezeit, gefunden auf der dänischen Insel Alsen (siehe Crumlin-Pedersen; 2003 Fenger 2003), das Nydamboot der Eisenzeit, geborgen aus einem Moor im südlichen Jütland (siehe Shetelig 1930; Goetche 1995) sowie die beiden Boote aus Kvalsund, gebaut kurz vor Beginn der Wikingerzeit, und auf einer Insel am Rand der Norwegischen See entdeckt (siehe Johannessen 1929).

Diese Wrackfunde und die auf ihnen basierenden Nachbauten geben Einblick in die Bauart der größeren Plankenboote im frühen Nordeuropa. Auf dieser fußt die Bauweise der Wikingerschiffe, die in ihrer Zeit weiterentwickelt wurden.

Begonnen wird die Darstellung in diesem Buch mit der Geschichte der Wikinger, soweit sie in Verbindung zu ihren Schiffen steht. Weiterhin wird auf das damals übliche Schiffbauhandwerk, auf die Navigation und das Segeln der Wikinger sowie auf die heute übliche Rekonstruktion von Wrackfunden mit klinker gesetzten Planken eingegangen. Abschließend werden die in Resten aufgefundenen, wichtigen Wikingerschiffe einzeln vorgestellt.

Die Bezeichnung Wikinger fußt auf dem Verb wiking, was einst bedeutete, auf große Seefahrt zu gehen, um Reichtum zu erlangen. Man nannte sie auch Nordmänner, Eschemänner oder in Spanien Madjus = heidnische Unholde. Nachfolgend wird Wikinger als Begriff für alle Skandinavier gebraucht, die, wie es die für Nordeuropa geltende Chronologie angibt, in der Wikingerzeit lebten.

Die Wikingerzeit beginnt für Historiker im Jahr 793 mit der Plünderung des Klosters Lindisfarn und endet 1066 mit der Schlacht bei Hastings.

Stein aus Sparlösa im schwedischen Västergotland mit einer Runenschrift für Erik aus Uppsala. Die hier wiedergegebene Bildseite zeigt ein zum Rudern und Segeln eingerichtetes Schiff, das in der Vorstellung der Wikinger den gefallenen Krieger ins Götterreich bringt.

Der Nachbau vom slawischen, rekonstruierten Bootsfund aus Ralswiek (Bauzeit 977, 9,05 m lang, 2,54 m breit, zehn Ruderplätze, Rahsegel 22 m², Seitenruder steuerbords)

Zur Geschichte der seefahrenden Wikinger

Händler – ihre Spuren an der Ostsee und in Russland

Bereits ein bis zwei Jahrhunderte vor der von Historikern definierten Wikingerzeit waren skandinavische Händler weit über ihr Wohnumfeld hinaus tätig.

Ihr westlichster Handelsplatz an der Ostsee in Nähe zur später gegründeten Stadt Schleswig heißt im heutigen deutschen Sprachgebrauch Haithabu und wird von den Dänen Hedeby genannt. Dorthin gelangte der Seehandel von der Ostsee direkt auf der Schlei und der von der Nordsee auf der Eider mit einem Landtransport von wenigen Kilometern bis zur Handelssiedlung. In Haithabu verließ auch der Landhandel, der auf dem Ochsenweg von Jütland kam, das Land der Wikinger. Im Hafen, früher mit Stegen und einer engen Pfahlreihe versehen, wurden die Wracks von drei Wikingerfahrzeugen entdeckt. Das Langschiff konnte rekonstruiert werden. Am Rande von Haithabu, das 1066 ein slawisches Heer zerstörte, lag ein inzwischen abgetragener Grabhügel mit einem Boot als Beigabe.

Aus der Handelssiedlung Reric ließ der Dänenkönig Gudfred im Jahr 808 alle Händler nach Haithabu umsetzen. Die Lage von Reric war umstritten, bis 1995 Archäologen einen großen Flächenbereich an der Wismarer Bucht beim Dorf Groß Strömkendorf untersuchten. Zur dortigen Siedlung gehörten ein kleiner Hafen und ein Friedhof mit slawischen, sächsisch-friesischen und skandinavischen Grabstellen. Von den Bootsgräbern hatten sich nur die eisernen Nieten erhalten.

Bei Ralswiek auf Rügen lag ein Handelsplatz, in dessen Nähe skandinavisch angelegte Grabstellen gefunden wurden. Besondere Aufmerksamkeit erhielt Rals-

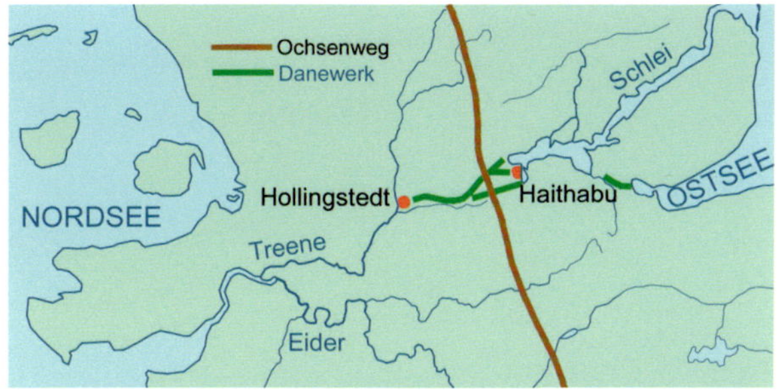

Der Erdwall Danewerk und die Handelsroute Ochsenweg (nach H. Elsner)

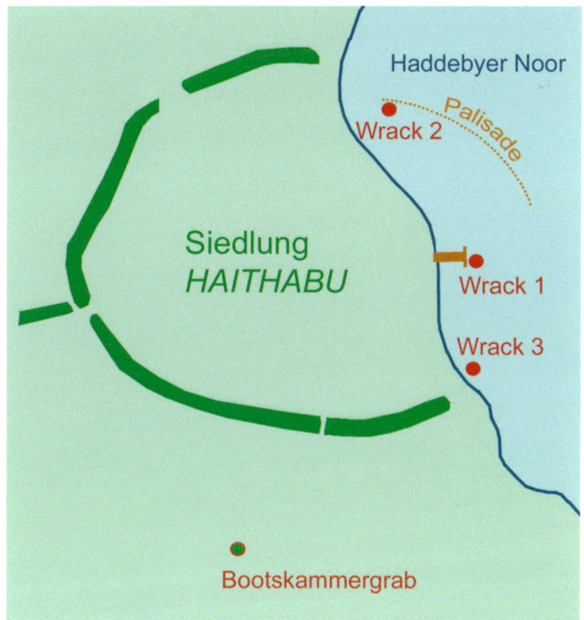

Die alte Handelssiedlung Haithabu umgab ein Erdwall. Die Wracks 1 bis 3 wurden im See Haddebyer Noor gefunden.

Der Name Haithabu für das Gebiet mit dem Wikinger Museum bei Schleswig geht auf einen Runenstein zurück, der diese Ortsbezeichnung nennt.

Das Bootskammergrab Haithabu wurde nach der Untersuchung vollständig abgetragen. Von dem 17 bis 20 m langen Boot über der Grabkammer waren nur die Eisennieten auszumachen. Nach O. Crumlin-Pedersen war es dem Ladby Schiff ähnlich.

Im Jahr 1938 wurde das mecklenburgische Dorf Alt Gaarz zur Stadt Rerik. Der Name wurde wegen des damals dort vermuteten Handelsortes Reric gewählt.

Nieten zeichnen die Kontur eines Bootes, freigelegt im Gräberfeld der Handelssiedlung Reric an der Wismarer Bucht (Foto: Landesamt für Kultur und Denkmalpflege Mecklenburg-Vorpommern).

Skandinavische Grabformen bei Menzlin. Mit Sicht auf die Peene liegen die beiden Schiffssetzungen und zwei Rundkreise.

wiek durch das dort 1967 freigelegte, danach wieder zugedeckte und erst 1993 geborgene Boot, dessen Bauart mit Holzdübeln zum Verbinden der klinker gesetzten Planken als slawisch gilt. Das Baujahr wurde auf 933 datiert. Das slawische Boot und die skandinavischen Gräber zeigen, dass auch hier eine aus mehreren Sprachgruppen zusammengefügte Bevölkerung lebte.

Der Siedlungsplatz beim Dorf Menzlin an der Peene oberhalb von Anklam wurde 1965 und in den folgenden vier Jahren archäologisch untersucht. Auch hier, am Fernhandelsweg auf dem Lande mit einer Brücke über die Peene und einer Anlegestelle für Boote, lebten Slawen und Skandinavier zusammen, wie es 30 untersuchte Gräber von etwa 800 noch erkennbaren Bestattungen und die in skandinavischer Art errichteten schiffsförmigen oder runden Steinsetzungen zeigen.

Weiter östlich gab es an den Flüssen weitere Niederlassungen mit skandinavischen Händlern. Für sie war der Warenverkehr mit Booten auf dem Wasser einfacher als der unsichere Transport auf Landwegen. – Das Delta, mit dem die Weichsel/Wisla in die Ostsee mündet, erfuhr im Laufe der Zeit vielfache Änderungen. Damals teilte sich der Fluss kurz vor der Ostsee. Westwärts war es die Danziger Weichsel, in die kurz vor Danzig/Gdańsk die Motlau/Motlawa einfloss. Vom alten Handelsplatz im Gebiet des heutigen Danzig fand man bei archäologischen Grabungen nach 1948 auch Plankenstücke, die mit Holzdübeln zusammengefügt nun als Bodenbelag verwendet wurden.

1933 und im Folgejahr wurden in Danzig-Ohra/Gdańsk-Orunia Wracks von drei Fahrzeugen geborgen. Nur das Wrack Ohra 1 überstand das Ende des Zweiten Weltkriegs 1945. Das 12,76 m lange und 2,37 m breite Boot mit einem T-förmigen Kiel eignete sich auch zum Segeln und war Vorlage für einige Nachbauten in Polen.

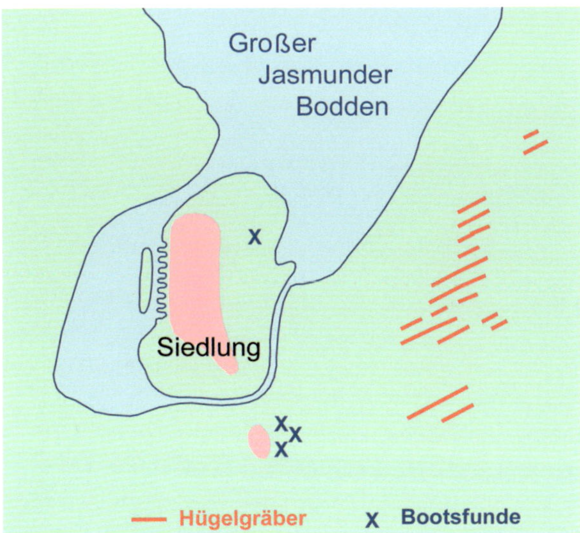

Unbefestigter Handelsort am Großen Jasmunder Bodden auf Rügen

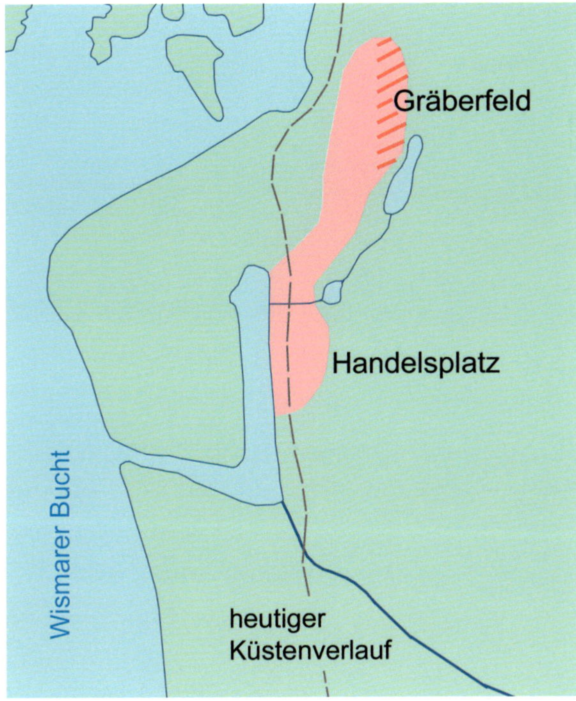

Der unbefestigte Handelsplatz Reric an der Wismarer Bucht. Im Gräberfeld wurden Spuren von drei Bootsgräbern gefunden.

Ostwärts mündete die Weichsel, nun Elbinger-Weichsel genannt, im Frischen Haff/Zalew Wišlany. Dort lagen einige Handelsplätze, von denen Truso ein im 9. Jahrhundert florierender Ort war. Bei der Ortschaft Baumgarth/Bagart wurde bereits im Jahre 1894 ein 11,9 m langes und 2,6 m breites Boot mit fünf Duchten zum Rudern und einem in der Bootsmitte stehenden, breiten Spant als Fußpunkt für einen Mast geborgen. Klinker mit Eisennieten gebaut, entspricht es skandinavischer Bautradition. Das Fahrzeug verbrannte 1945 in Danzig.

Die Veröffentlichung zur Kultur der Wikinger in Ostpreußen hat einen langen Vorlauf. 1939 verteidigte *Bernd von zur Mühlen* seine Promotionsschrift an der Albertus-Universität Königsberg. Seine Frau rettete 1945 die Dissertation. L. Kilian bearbeitete das nicht mehr ganz intakte Manuskript, das dann erst 1975 gedruckt wurde. Viele von den dort abgebildeten Stücken gingen im Krieg 1945 verloren.

Die Landhebung Skandinaviens beginnt vor über zehntausend Jahren mit dem Abtauen des über drei Kilometer dicken Eispanzers. Das herabgedrückte Land hebt sich zuerst schnell und dann immer langsamer. Gegenwärtig wird etwa ein Zentimeter pro Jahr gemessen.

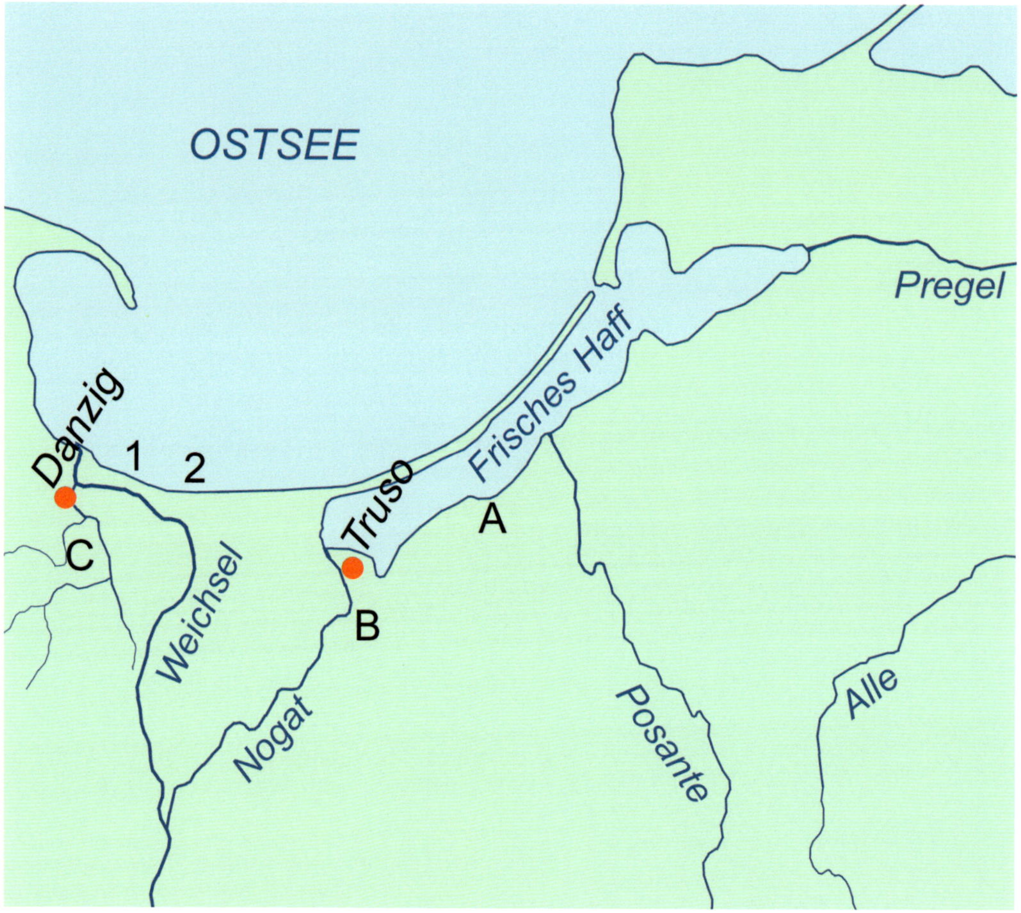

Bootsfunde bei Danzig-Ohra (C) und am Frischen Haff bei Frauenburg (A) und Baumgart (B). Die Weichselmündung wurde 1840 (1) und 1895 (2) verändert.

Deutlich größer war das 1895 bei Frauenburg/Fromburg gefundene Wrack: 17,36 m lang, 2,78 m breit und mittig 0,92 m hoch. Die jeweils sieben, klinker gesetzten Plankengänge hielten Eisennieten zusammen. Das Boot hatte einen breiten, T-förmigen Kiel, zwölf Ruderduchten und einen breiten Mittelspant mit eingearbeiteter Mastspur. Das der frühen Wikingerzeit zugeordnete Fahrzeug war bis 1945 in Königsberg/Kaliningrad ausgestellt. Ganz in der Nähe stieß man 1899 auf ein nur 7 m langes und mit

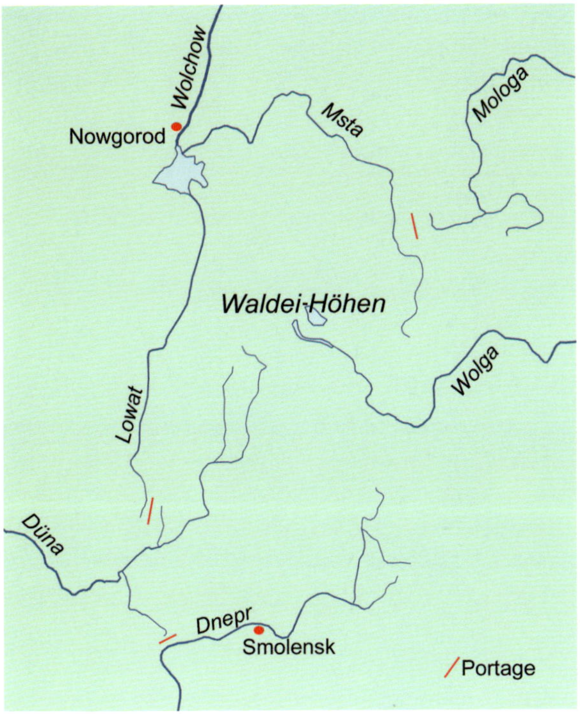

Auf der Waldai-Höhe wurden mit kurzen Landtransporten die Flüsse Dnepr oder Wolga erreicht, um von der Ostsee in das Schwarze oder in das Kaspische Meer zu gelangen.

2,4 m sehr breites Boot, dessen Planken Holzdübel verbanden.

Am Nordufer der Ostsee war Birka auf der Insel Björkö im Mälarsee seit 790 n. Chr. ein wichtiger Handelsplatz, der schon bald wegen der skandinavischen Landhebung seinen Zugang zur Ostsee verlor. Nachfolger wurde noch zur Wikingerzeit Sigtuna. Bernstein, Pelze, Geweihe, Eisen in guter Qualität, aus Silbermünzen vom fernen Bagdad gearbeiteter Schmuck waren Tauschware gegen Glasbecher, Perlen aus Glas, Gewürze und Seidenwaren. Partner waren Ribe in Westjütland, Haithabu, Kaupang am Oslofjord und Truso. Weit nach Süden reichende Handelsrouten führten über Gotland oder die Åland-Inseln und nutzen dann die in die Ostsee mündenden Ströme Düna/Daugawa oder Newa.

Stromauf der Düna und ihren Nebenflüssen folgend war bei der Waldai-Höhe ein kurzer Landtransport nötig, um den Dnepr zu erreichen. Auf diesem Fluss ging es vorbei an Gnezdowo, wo heute etwa 5000 Grabhügel vom einstigen Wirken der Skandinavier zeugen, um im Unterlauf nach etwa 70 Kilometern mit Stromschnellen wieder auf ruhigerem Wasser das Schwarze Meer zu erreichen.

Auch über die Newa kamen die Skandinavier, wenn sie den Ladogasee im Süden bei Alt-Ladoga verließen, auf dem Wolchow, an dessen Ufer der alte Handelsplatz Nowgorod und skandinavische Hügelgräber lagen, zur Waldai-Höhe, um dann ebenfalls den Dnepr als Fahrtstrecke Richtung Süden zu nutzen. Über Newa und Ladogasee, dann östlich gesteuert auf dem Onegasee und kleineren Flüssen, vorbei am Siedlungsgebiet Jaroslawel, wurde nach acht Kilometern Landweg die Wolga erreicht, die stromab über das Kaspische Meer den Weg zum fernen Ziel Bagdad eröffnete.

In Bagdad waren Silbermünzen, Dirhem genannt, Zahlungsmittel. Das Metall Silber, das in Skandinavien nicht vorkommt, war bei den skandinavischen Händlern begehrt. Für sie zählte aber nur das Gewicht der Münzen, die sie wogen und auch zerhackten, um auf den vereinbarten Preis zu kommen. Depotfunde mit Hacksilber auf Gotland und fast zeitgleich in Alt-Ladoga konnten der Zeit um 780 zugeordnet werden.

Damals gingen Gewalt und Handel oft zusammen. Ein skandinavisches Grab bei Jaroslawel hatte als Beigaben ein fränkisches Schwert und eine feine Waage,

Auf den Friedhöfen an den Handelswegen der Skandinavier in Russland fanden Archäologen auch in Frauengräbern immer wieder eine Waage als Zeichen für eine Händlerin. Nicht bekannt ist, ob diese Frauen aus Skandinavien dorthin kamen oder ob es Einheimische waren, denen die skandinavischen Männer diese Rechte einräumten.

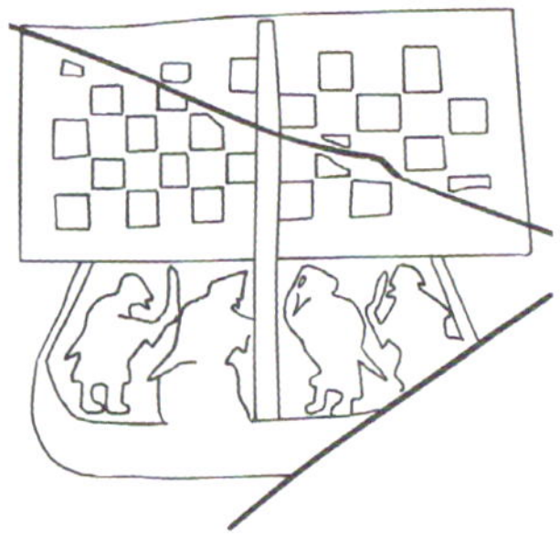

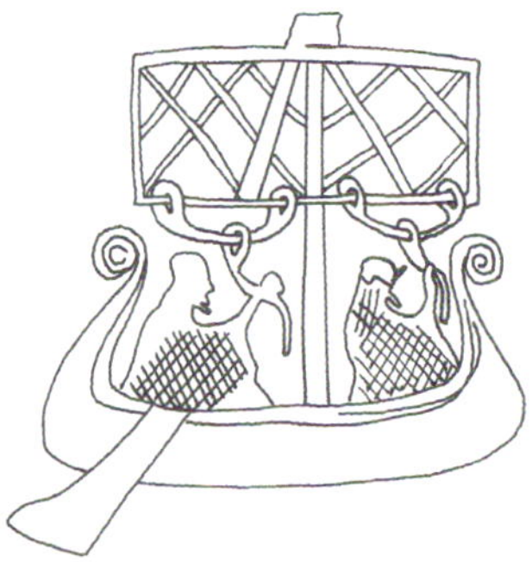

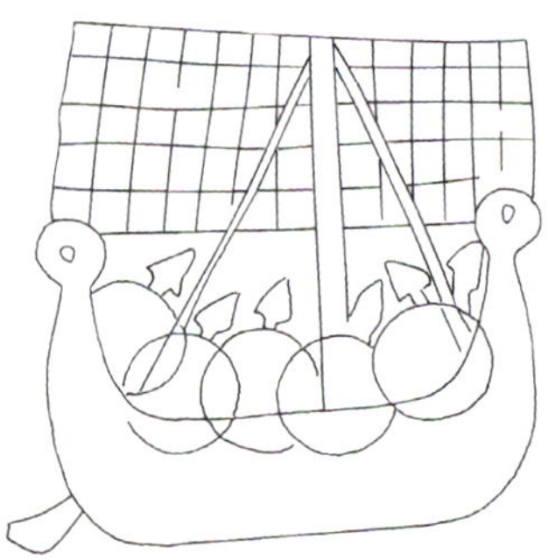

Kleinere Fahrzeuge auf gotländischen Bildsteinen von den Fundplätzen Garda / Bote, Stenkyrka / Lillbjärs III und När / Smiss I

um wie zu Lebzeiten als Krieger zu kämpfen und als Händler Silber zu wiegen. Der Araber Ibn Rusta (nach M. North) schrieb: *Sie unternehmen mit ihren Schiffen Streifzüge gegen die Slawen, nehmen sie gefangen ... um sie zu verkaufen. Auch handeln sie mit Pelzen und erhalten dafür ein stilles Vermögen an Münzgeld.*

Das Befahren der kleineren Nebenflüsse und der notwendige Landtransport beschränkte die Bootsgröße. Wahrscheinlich wurden etwa 10 m lange Fahrzeuge benutzt. Da die Wikinger Boote mit relativ wenig Gewicht bauten, konnten sie kleine Gewässer gut befahren und hatten es bei Landhindernissen etwas leichter.

Einzelne Bildsteine auf der Insel Gotland, aufgestellt vor Beginn der Wikingerzeit, zeigen Boote und Schiffe. Die Boote sind mit nur 2 bis 5 Männern an Bord abgebildet. Andere Steine zeigen ebenfalls segelnde, aber größere Fahrzeuge mit 10 bis 13 Kriegern, fast immer mit Schilden am Bordgang und manchmal mit am Bug emporragenden Lanzen. Das sind Steine zum Gedenken an Häuptlinge, denen zu Lebzeiten zahlreiche Männer folgten. Die Steine mit den kleineren Fahrzeugen könnten an Händler erinnern, die ebenfalls zu Reichtum gelangt waren. Die wikingerzeitlichen Häfen auf Gotland machte die spätere Landhebung von 2,5 m unbrauchbar. Ausgrabungen im alten Hafen Paviken ergaben hafentypische Kleinfunde, wie eiserne Schiffsnägel mit Klinkscheiben, aber keine hölzernen Relikte von Booten oder Schiffen.

Einzelne Runensteine in Mittelschweden erwähnen Handelsschiffe vom Typ Knarr (= Knorre). Der Mevalla-Stein wurde zum Gedenken an einen Sven errichtet, der oft mit seiner kostbaren Knarr um Domesnes, lettisch Kolka rags, auf der Düna landeinwärts fuhr. Ein Runenstein bei Varpsund berichtet vom ostwärts getöteten Gunlev, der eine Knorre gut steuern konnte.

Räuber und Krieger – Siedler und Entdecker

Um 800 existierten in England sowie im Frankenreich bereits zahlreiche Klöster und meist kleine Städte mit, wie es den Skandinaviern erschien, großem Reichtum. Waffentragende Männer ließen sich in Skandinavien von denen, die über Schiffe verfügten, zu Raubzügen anwerben, wenn Aussicht auf reiche Beute bestand. Das war ein besonderer Anreiz für solche, die nicht als Erstgeborene erbten: dort zu rauben, wo man nicht an die in der Heimat geltenden Regeln gebunden war, oder auch, wenn es möglich war, fern der Heimat Landbesitz zu erhalten.

Für die kriegerischen Erfolge der Wikinger über fast 300 Jahre hinweg gab es mehrere Gründe. Sie verfügten über eine wachsende Zahl von see- und flusstauglichen Schiffen und kannten vom Seehandel her die Lage ihrer Ziele. Ihr schiffbauliches und nautisches Können entwickelte sich durch die ständige Auseinandersetzung mit der Umwelt, dem Meer, den Fjorden und Flüssen. Sie kamen überfallartig von See her und bewegten sich auch auf den Flüssen schnell und ungefährdet. Ihre Überlegenheit auf dem Wasser zeigte sich darin, dass Franken oder Angelsachsen keine Gegenzüge nach Dänemark oder Norwegen unternahmen. Im englischen Kent wurden 792 die Kirchgemeinden verpflichtet, einen finanziellen Beitrag zur Abwehr der *heidnischen* Seefahrer zu leisten. Und Karl der Große

Mervalla-Runenstein auf der Insel Selaön im Mälarsee. Ins Deutsche übertragen lautet der Text: *Sigrid errichtet diesen Stein für Sven, ihren Ehemann. Er segelte oft mit seiner kostbaren Knorr nach Zemgale, um Domesnes* (Foto: Paul Brosse).

befahl im Jahr 800 Maßnahmen zur Verteidigung der Mündung der Seine gegen die Piraten, welche das *Gallische Meer heimsuchen.*

Günstig für die Raubzüge der Wikinger war, dass die von ihnen Beraubten durch innere Machtkämpfe geschwächt waren. Nach dem Tod von Karl dem Großen 814 wurde das Frankenreich mehrmals geteilt und hatte mit den Wikingern im Norden und den Arabern in Spanien bedrohliche Feinde. In England bestanden starke Bestrebungen gegen eine königliche Zentralgewalt. Aber geeinte Gegenwehr führte zu Niederlagen der Wikingerheere, wie 891 in Brabant gegen ein großes fränkisches Heer unter Arnulf oder 878 in England bei Aeccesdune gegen die unter Alfred I. einmütig kämpfenden Angelsachsen.

Nachfolgende Aufzählung gibt nur einen allgemeinen, unvollständigen Überblick über Raubfahrten der Wikinger. In der Literatur beginnen sie mit dem Bericht über den Angriff, die Plünderung und Zerstörung des Inselklosters Lindisfarne im Jahr 793. Im Jahr darauf war das Kloster Wearmouth Ziel einer Raubfahrt. Bei diesem Überfall strandete eins der drei Wikingerschiffe. Im Jahr 795 wurden die Klöster Skye und Iona auf den Hebriden sowie Rathlin an der Nordküste Irlands ge-

Runenstein bei Varpsund im schwedischen Uppland: *Andvätt und Kår und Kiti und Djärv errichteten diesen Stein für Gunnlev, seinen Vater. Er starb ostwärts mit Ingvar. Gott helfe ihrer Seele. Jag, Alrik ritzten die Runen. Er konnte gut steuern Knarren.*

plündert. 799 landeten Wikinger beutegierig auf der Klosterinsel St. Philibert in der Mündung der Loire.

Zuerst kamen sie nur mit wenigen Fahrzeugen. Nicht ganze zwanzig Jahre später waren es bereits große Wikingerheere mit zahlreichen Schiffen. Seit 825 zogen sie durch England. London wurde 836 zum ersten Mal geplündert. Im Jahr 845 kamen dänische Wikinger in mehr als 600 Booten nach Hamburg, das sie gründlich zerstörten. In den Jahren 851 und 852 fuhren Wikinger in 350 Schiffen nach England. Sie plünderten Canterbury und erneut London. Rheinaufwärts gelangten sie 863 bis Xanten. Elf Jahre später waren sie in Köln und Bonn.

Chronisten berichteten, dass im Jahr 866 etwa 20000 Wikinger mit ihren Schiffen durch einen Herbststurm bis nach Schottland trieben, sich dann südwärts bewegten, um im englischen Gebiet Ost-Anglia zu überwintern. Teilweise blieben sie und vergrößerten die bereits vorhandene dänische Besiedlung. Später kamen noch mehr Menschen aus Dänemark. Es bildete sich der sogenannte Danelag, der große Teile Englands umfasste. Dort galt skandinavisches Recht. Bereits Jahrzehnte später wurde die dänische Eigenständigkeit zunehmend eingeschränkt. 920 gehörte der Danelag zum englischen Reich Wessex.

Nach dem schon erwähnten Sieg der Angelsachsen 878 gab eine Wikingerflotte, deren Krieger London bereits erobert hatten, die Kriegsfahrt in England auf. Neues Ziel war Frankreich. Im Jahr 880 wurde die Kaiserpfalz Aachen ausgeraubt. Fünf Jahre später waren die Wikinger in Rouen und belagerten Paris. 40000 Krieger in 700 Schiffen – wer hat sie gezählt? – waren dort, nachdem Wikinger bereits 845, 857 und 861 der Stadt zugesetzt hatten. Die Belagerung endete nach Zahlung von hohem Lösegeld.

Das Heer blieb im Land, lagerte in Westfrankreich und war nicht zu vertreiben. Karl III. machte die Wikinger zu Verbündeten und belehnte den Norweger Rollo, einen ihrer Anführer, mit dem Gebiet, das seitdem Normandie heißt. Ihre Nachkommen der nächsten Generationen, die ebenso wie fast alle ihre Mütter nur französisch sprachen, bauten ihre Schiffe und handhabten ihre Waffen weitgehend in Art der Wikinger.

Wikinger besiedelten im 9. Jahrhundert die Orkney- und Shetland-Inseln. Sie lebten seit 800 auf den Färöer-Inseln. Auch in Irland häuften sich ihre Siedlungsversuche und Überfälle. Die Wikinger erpressten von unterlegenen Menschen Lösegeld oder machten sie zu Sklaven, um sie in Island oder Skandinavien zu verkaufen. Ihr Zentrum in Irland war in den Jahren von 820 bis 1170 die Landschaft um Dublin.

Die Kunde von Island gelangte zu den Wikingern durch Gardar Svadrson, der 861 in Norwegen startete, um von den Hebriden das Erbteil seiner Frau zu holen. Ein Sturm trieb sein Schiff an die Nordküste Islands. Dort überwinterte er mit seiner Mannschaft. Er konnte, wir wissen nicht wie, bei der Heimkehr plausibel erklären, wo Island läge und wie man dorthin käme. Als ab 872 Harald Schönhaar in Norwegen mit Gewalt sein Königreich ausbaute, wurde Island Ziel für Norweger, die sich dem König nicht unterstellen wollten. Bis zum Jahr 930 sollen schätzungsweise 30000 Menschen den Weg über den Atlantik geschafft haben. Lebensgrundlage in Island waren Fischfang, Viehzucht, in geringem Umfang Ackerbau und Jagd sowie Handel mit norwegischen Händlern.

Eine wichtige Quelle für unser Wissen über Wikinger sind die Sagas aus Island. Zuerst mündlich überliefert, wurden sie erst im 13. und 14. Jahrhundert aufgeschrieben.

Nach der Erik-Raude-Saga, aufgeschrieben um 1200, wurde in Island Erik der Rote im Jahr 983 wegen Totschlags für drei Jahre *friedlos*. Das bedeutete, jeder durfte ihn straffrei töten. Erik ließ sein Schiff klarmachen und steuerte westwärts, um das Land zu suchen, das Gunbjörn sah, als er im Westmeer trieb. Mit ihm startete ein Konvoi von 25 Schiffen. Einige Schiffe kehrten um, andere gingen verloren. Nur 14 Schiffe erreichten Grönland. Erik gründete dort mit seinen Weggefährten eine Siedlung, die sie Brattahlid nannten. Das baumlose Land mit damals etwas milderem Klima bekam den schmückenden Namen Grönland. Auf diesem im Bereich des Polarkreises liegenden Küstenstreifen gab es bis zu 300 Höfe in mehreren Siedlungen. Der Holzmangel in Grönland bereitete den Wikingern Schwierigkeiten. Sie waren auf eine ständige Verbindung mit Europa angewiesen. Schiffe, die der großen Knorre aus dem Skuldelev-Fund entsprachen, waren in den Sommermonaten im Einsatz. Im 14. Jahrhundert wurden die grönländischen Wikingersiedlungen aufgegeben.

Die Sagas berichteten auch von Fahrten, die in Gebiete westwärts von Grönland führten. Bjarne, Sohn von Bjarni Herjolfsson aus Brattahlid, fuhr im Jahr 986 von Island mit dem Ziel Grönland. Dreimal sah er unbekanntes Land, ehe er Grönland erreichte. Das erzählte er im Winter in Norwegen am Königshof. Leif Erikson, ein Sohn von Erik dem Roten, hörte den Bericht, kaufte von Bjarne das Schiff und segelte mit 35 Getreuen nach Brattahlid. Nach sorgfältiger Vorbereitung wiederholten sie Bjarnes Reise nach Labrador, wendeten nach Süden und fuhren die Küste entlang.

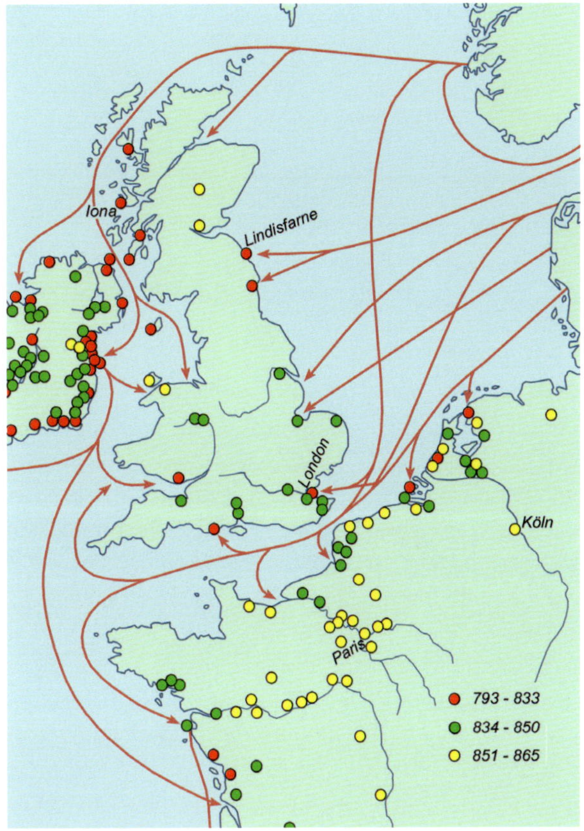

Raubzüge der Wikinger nach Westeuropa in der Zeit von 793 bis 865

Sie kamen bis dorthin, wo Wein wild wächst, Lachs noch vorkommt und Korn sich selbst aussät. Besonders die Angabe zum wilden Wein sorgte bei den Historikern für Verwirrung. Heute meint man, Wein wäre für die Wikinger eine Art Johannisbeere gewesen. Torvald, ein Bruder von Leif, fuhr nach dessen Schilderungen nochmals mit dem gleichen Schiff, siedelte zusammen mit 30 Männern und Frauen in Winland und wurde bei einem Scharmützel mit Ureinwohnern tödlich verwun-

Zur Geschichte der Wikinger und zu ihren Originalplätzen heute kann man bei Gustav Faber mehr nachlesen.

Ein Runenstein am Gräberfeld Kjula ås bei Eskilstune/Södermanland in Schweden erinnert einen Wikingerkrieger: *Alrik, Sigrids Sohn errichtete den Stein für seinen Vater Spjut, der im Westen gewesen war. Er eroberte eine Burg und schlug das Heer der Angelsachsen in ihr. Die angelsächsischen Festungen kannte er alle* (Foto: Paul Brosse).

det. Seine Begleitung kam nach Grönland zurück. Torstein, ein weiterer Bruder von Leif, konnte Winland nicht finden, als er die Reise nach Amerika seinen Brüdern nachmachen wollte. Heute weiß man, dass mit Winland die an Labrador grenzende Insel Neufundland gemeint war. Dort entdeckten der Norweger H. Ingsted und seine Frau an der Nordspitze L'Anse-aux-Meadows die Reste von Torvalds Lager. Die aus Torf gebauten Häuser gleichen denen, die die Wikinger einst auf Grönland und Island errichteten. Das zeigt, die vielen, einander folgenden Saga-Erzähler hatten das Wesentliche richtig übermittelt und Leif Erikson war tatsächlich um das Jahr 1000 in Amerika.

Räuber und Krieger benötigten andere Fahrzeuge als Siedler, Händler und Entdecker. Für die erste Gruppe waren Schiffe mit möglichst vielen Menschen an Bord wichtig. Die unterschiedlich großen Langschiffe, mit denen man ruderte oder segelte, erlaubten keine langen Reisen auf Meeresgewässern. Fahrtbereich dieser Schiffe waren Nord- und Ostsee sowie die Irische See.

Langdauernde Fahrten über den Atlantik nach Island oder Grönland waren nur mit Schiffen möglich, die im Vergleich zu den Langschiffen deutlich mehr laden konnten. Mit Fahrzeugen vom Typ Gokstadschiff, das ein Segel und zahlreiche Ruderplätze hatte, waren viele Personen unterwegs. Siedler nahmen auch Tiere mit an Bord. Wenngleich damals die Tiere deutlich kleiner

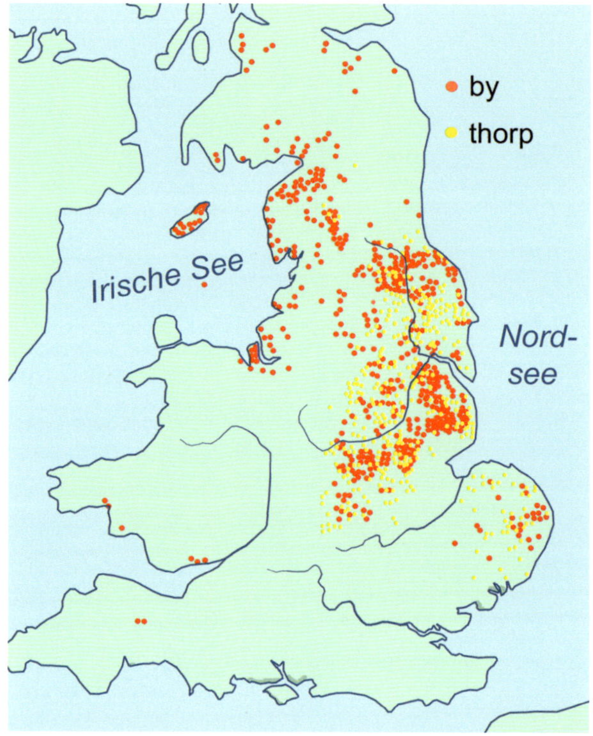

Ortsnamen in England mit den skandinavischen Endungen *by* oder *thorp* für die Zeit vom späten 9. Jahrhundert bis zum Domesday Book 1086. Ob es Einzelhöfe, kleine oder große Dörfer waren und wie viele und wie lange dort Skandinavier lebten, bleibt jedoch offen.

waren als heutige Rassen, so musste auch für sie genügend Futter und Wasser mitgenommen werden. Außerdem gehörten Saatgetreide, Gerätschaften und Hausrat zur Ladung der Siedler.

Bei den über hundert Jahre nach dem Gokstadschiff gebauten Frachtfahrern verließ man sich nur noch auf das Segel. Es gab vorn und achtern lediglich einige wenige Ruderplätze, um in engen Gewässern ohne Segel klarzukommen.

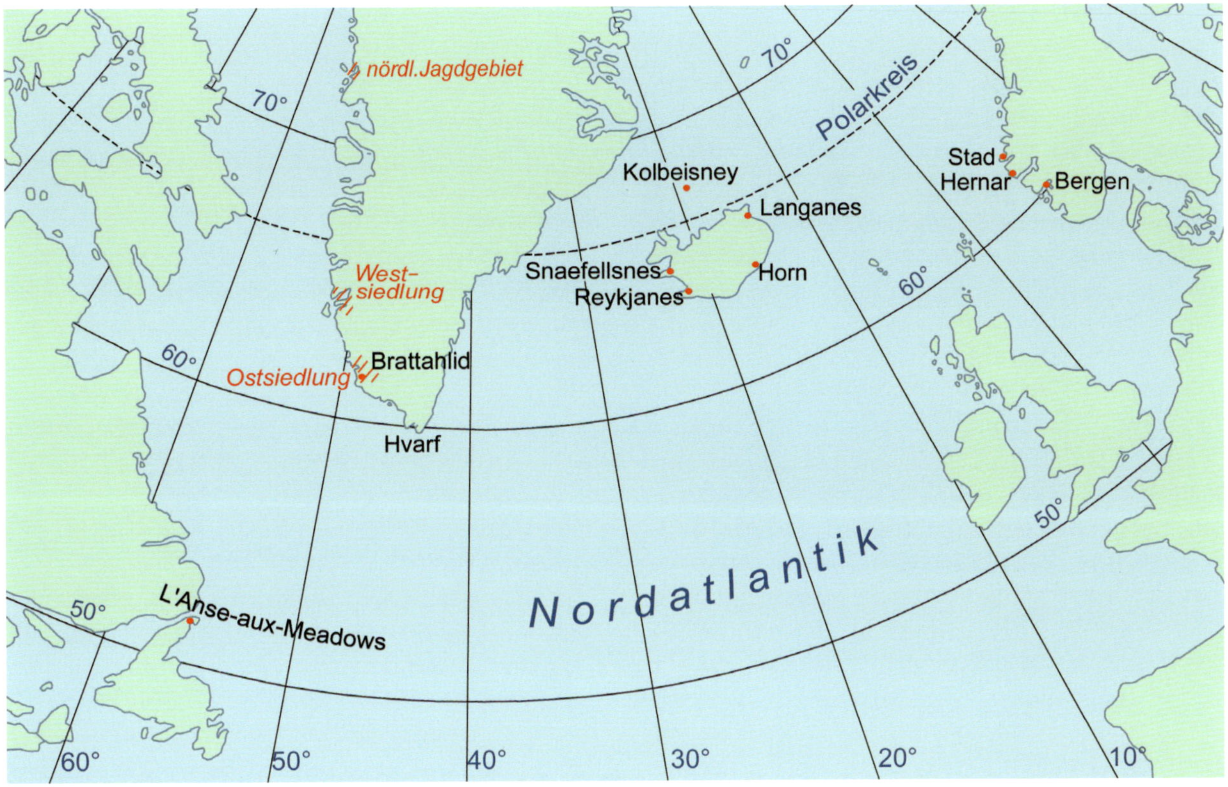

Die Karte zeigt die norwegischen Abfahrtsorte der Islandfahrer, wichtige Siedlungen auf Island und Grönland sowie die Stelle auf Neufundland, wo Wikinger überwinterten.

Skalden sind altnordische Dichter, die nach hochkomplizierten Regeln Preis-, Schmäh- und Liebesdichtung verfassten. Außer den anonym überlieferten Liedern der Edda können die meisten Skaldengedichte namentlich bekannten Dichtern zugeordnet werden. Die Kenninge – Personen oder Dinge werden mit zwei oder mehr Worten bezeichnet, wie Schiff gleich Wellenpferd oder Kampf gleich Schildlärm – sind nur ein Merkmal dieser Dichtung.

Nur das Ankommen war damals wichtig. Die Zeit, die für die Fahrt benötigt wurde, war zweitrangig, solange die Verpflegung ausreichte. Trinkwasser wurde in Fässern mitgenommen. Stockfisch, getrockneter Heilbutt und auch Brot waren an Bord lange Zeit haltbare Nahrung. Zur Ausrüstung eines Frachtseglers gehörte auch ein Kochkessel, der nur an Land benutzt wurde, um Grütze und geschroteten Hafer mit Salzwasser zu einem Getreidebrei zu kochen, den die Wikinger bei den niedrigen Temperaturen des Atlantiks längere Zeit essen konnten. Für die langen Reisen kam viel zusammen, was vor der Abreise an Bord zu bringen war. Kälte, Nässe, aus heutiger Sicht unzureichende Bekleidung, machten die Seefahrt damals zu einer anstrengenden, die Menschen stark beanspruchenden Angelegenheit mit ungewissem Ausgang.

Danegeld – ein vor der normannischen Invasion unbekanntes Wort – war der Tribut, den die Wikinger in silbernen Münzen erpressten. In Frankreich erhielten sie dadurch von 845 bis 866 fast 40 000 Pfund und in England von 991 bis 1016 insgesamt 180 000 Pfund. Im damaligen angelsächsischen Münzsystem entsprachen vermutlich 373 Gramm Silber einem Pfund. In Frankreich war das sogenannte Karlspfund mit 406 Gramm das wahrscheinliche Maß.

Streben nach königlicher Macht

In Skandinavien bildeten sich im Laufe der Wikingerzeit zahlreiche kleine, miteinander konkurrierende Königreiche. Zeitgleich wuchs die Zahl der Schiffe.

Die Geschichte norwegischer Könige hat Snorri Sturluson (1179–1241), ein in Island lebender Skalde, in der *Heimskringla* aufgeschrieben. Ohne Rücksicht auf nicht zusammenpassende Lebensdaten erzählte Snorri, die Braut Gyda habe, bevor sie der Hochzeit zustimmen wolle, von Harald Schönhaar gefordert, er solle sich ganz Norwegen unterwerfen, um ebenso zu herrschen wie König Erich Edmundson († 882) in Schweden oder König Gorm (der Alte, † 958) in Dänemark. Harald versprach das und schwor, seine Haare so lange weder zu schneiden noch zu kämmen, bis er das erreicht hätte. Seine kriegerischen Auseinandersetzungen gipfelten in der Schlacht auf dem Hafrsfjord, vermutlich im Jahr 872. Haralds Flotte umfasste 110 Schiffe mit 5 500 Männern. Ähnlich gerüstet war sein Gegner Tore Haklang. Beide ließen die Schiffe nebeneinander so zusammenbinden, dass in der Mitte von beiden Schiffsreihen das Königsschiff und gegenüber das Führungsschiff des Gegners lag. Die Kämpfe leitete das Hörnerblasen ein. Es wurde laut gebrüllt und auf die Schilde geschlagen. Das Kampfgeschehen schildert eine 400 Jahre später aufgeschriebene Saga: *Viele große Taten geschahen jetzt in kurzer Frist, Hieb und Speerwurf im Sturme des Steinhagels. Es stürzten bald viele auf beiden Seiten.*

Es muss ein schauriges Bild gewesen sein, die mit Riemen und Segelzeug sperrig verstellten Schiffsdecks, dazwischen Kämpfende und Verwundete, Sterbende und Tote – Letztere noch an Bord liegend oder bereits ins Wasser gefallen. Haralds Gegner verloren und flohen. Wichtig war nun die Entlohnung, die Harald seinem Gefolge gab. Harald sicherte sich später die Herrschaft über ein kleines Gebiet am Oslofjord, wo ertragreiche Landwirtschaft möglich war und vergleichsweise viele Menschen lebten.

Gorm der Alte wurde vor 900 wahrscheinlich im von Dänen dicht besiedelten East Anglia geboren. Von seinem Vater, der seit etwa 917 über Teile von Dänemark herrschte, übernahm er etwa um 934 die Regentschaft, die er auf ganz Dänemark ausdehnte. Er ließ für seine Frau Thyra einen Runenstein in Jelling aufstellen. Für Gorm selbst steht dort ein zweiter Stein, den Harald Blauzahn im Gedenken an seinen Vater mit einem Jesusbild arbeiten ließ – als Bekenntnis für den Wechsel zum Christentum.

Sven Gabelbart, der Sohn von Harald, machte seinem Vater den Königsthron streitig. Zwei Flotten – eine geführt vom Vater, die andere unter Svens Kommando – kämpften gegeneinander auf der Ostsee, wahrscheinlich mit ähnlicher Taktik, wie seinerzeit im Hafrsfjord gefochten worden war. Der Waffengang endete ohne eine Entscheidung. Harald Blauzahn wurde wenig später beim Landgang von einem Pfeil getroffen und starb 987 in der Jomsburg / Wollin.

Sven Gabelbarts Heerzüge gegen England brachten ihm und seinen Mannen oftmals Geldzahlungen ein, die man Danegeld nannte. Runensteine in Schweden berichten von Männern, die westwärts in England waren und Anteil am *gjald* (gemeint ist Geld) bekommen hatten. Englands König Æthelred, der 1002 die Ermordung der Dänen in England anordnete, konnte trotz hoher Zahlungen die Einfälle der Wikinger nicht unterbinden. Schließlich gelang Sven Gabelbart die Eroberung Englands 1013. Nach seinem Tode übernahm 1014 Æthelred, der in die Normandie ausgewichen war, wieder das Zepter. Ihm folgte 1016 für ein paar Monate Edmund Eisenseite. Sein Gegner war Knut, der seit

1015 in England mit einer großen Armee als Erbe seines Vaters Sven Gabelbart auftrat. Mit seiner Flotte gelang es ihm, 1016 London einzunehmen, wo er bereits Weihnachten gekrönt wurde. 1019 erbte Knut die Königreiche Dänemark und Norwegen. Schon bald nach seinem Tod 1035 wurde er Knut der Große genannt. Um sein durch die Nordsee geteiltes Königtum zu gewinnen und zusammenzuhalten, musste Knut auch über eine große Flotte von Kriegs- und Frachtschiffen verfügen. Oftmals reiste der König mit Gefolge, einer große Armee und dem dafür nötigen Nachschub nach England, Dänemark oder Norwegen.

Seine Söhne Harald Hasenfuß und nachfolgend Hardiknut konnten die dänische Herrschaft in England nur bedingt fortführen. Ihnen folgte 1042 Eduard der Bekenner, Sohn von Æthelred und Stiefsohn von Knut. Als Eduard ohne Erben im Januar 1066 starb, begann für England ein ereignisreiches Jahr. Erneut wurde ein Harald, er war ein Sohn des englischen Grafen Godwin, zum König gewählt. Aber sowohl in Norwegen als auch in der Normandie widersetzte man sich dieser Thronfolge.

In Norwegen startete eine große Flotte unter dem Kommando von Harald Hardråde, dem dortigen König seit 1047. In Toste, einem abtrünnigen Bruder des amtierenden englischen Königs Harald, hatte er einen Verbündeten in England. Die Norweger gewannen ein erstes Scharmützel. Dann, am 25. September, kam es bei Stamford Bridge nahe von York zum Kampf mit dem englischen Heer. Hardråde fiel, seine Mannen flohen. Aber König Harald hatte nun mit dem soeben an der englischen Kanalküste gelandeten Heer der Normannen einen weiteren Gegner. Das englische Heer marschierte eilig, Historiker meinen zu eilig, dem neuen Feind entgegen. 3 000 Schiffe – viele waren auf Befehl von Herzog Wilhelm in der Normandie in weniger als acht Monaten seit Januar 1066 gebaut worden – brachten 30 000 Krieger mit 2 000 Pferden in der Nacht zum 28. September über den Kanal, als nach einem Monat Wartezeit endlich ruhigeres Wetter herrschte. Viele von den nicht nordisch, sondern französisch sprechenden Normannen waren gute Bogenschützen und gewandte Reiter. König Harald, seine mit ihm fechtenden Brüder, viele seiner Ritter in Kettenrüstung und zahlreiche Bauern, die ohne spezielle Aus-

Am Fuß der großen Grabhügel bei Jelling in Jütland steht der Runenstein, den *König Gorm … seiner Frau Thyra, Dänemarks Zierde* zum Denkmal machte. Daneben befindet sich ein größerer Stein für Gorm und Thyra. König Harald, dem, wie es auf dem Stein steht, *sich ganz Dänemark und Norwegen unterwarf*, ließ diesen Stein für seine Eltern errichten.

Knut der Große (ca. 995 bis 1035) ließ sich taufen, knüpfte nun zum europäischen Hochadel Verbindungen und verheiratete 1036 seine Tochter Gunhild (1016–1038) mit Heinrich III., deutscher König und späterer Kaiser.

Reiter in Kettenhemden fehlten in der Armee von Harald. Wilhelms Kavallerie, abgebildet auf dem Teppich von Bayeux, benutzte Sattel mit Steigbügeln und Stoßlanzen.

Unter Wilhelms Herrschaft wurde 1086 für England das Reichsgrundbuch Domesday Book als Basis für die an die Krone zu entrichtenden Steuern erstellt.

Runenstein bei Nöbblesholm in Småland/Schweden: *Gunkel setzte diesen Stein nach Gunnar, seinem Vater, dem Sohn Hordis. Helgi legte ihn, seinen Bruder, in einen Steinsarg zu Bath in England.*

bildung kämpften, kamen in der Schlacht bei Hastings am 14. Oktober 1066 um. Seine noch lebenden Kämpfer räumten bei einbrechender Nacht das Schlachtfeld.

Aus Sicht der Normannen werden auf dem über 900 Jahre alten *Teppich von Bayeux* Bild für Bild die politischen Vorbereitungen, der Bau der Flotte, die Überfahrt über den Kanal und die Schlacht mit dem Sieg der Normannen unter Wilhelm dem Eroberer geschildert.

Wilhelm, der Weihnachten 1066 in London gekrönt wurde, musste seine Herrschaft auf der Insel und in der Normandie am anderen Ufer des Kanals fortwährend verteidigen. Eine gut funktionierende Kanalflotte war für die Normannenherrschaft wichtig. Wilhelm hatte sich nicht nur gegen den König von Frankreich und seinen ältesten Sohn, sondern auch gegen Aufstände in England, gegen irische Wikinger und Skandinavier zu behaupten, die als Verbündete von angelsächsischen Feudalherren auftraten. Ein dänisches Heer stand 1069 kampfbereit in York. Nach dessen Niederlage verließ die dänische Flotte 1070 die schützende Humbermündung und segelte zurück nach Dänemark.

Hastings steht für ein Ende der Kämpfe, bei denen Langschiffe als Truppentransporter oder Kampfplatz wichtig waren, und beschließt zugleich die Wikingerzeit.

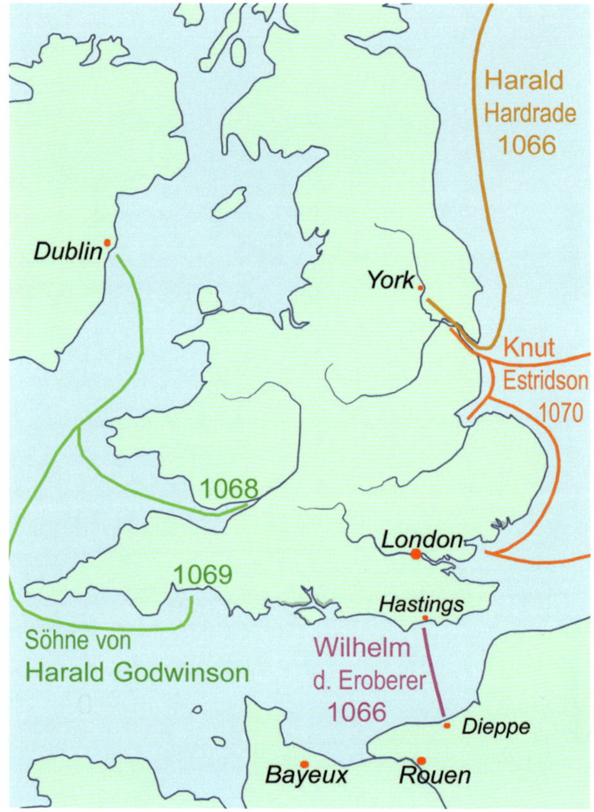

Von 1066 bis 1070 war England Ziel verschiedener Kriegsflotten.

Wilhelm der Eroberer (um 1028–1087) wurde als junger Mann wegen seiner außerehelichen Geburt auch *der Bastard* genannt. Er war seit 1035 Herzog der Normandie und erhielt nach der Schlacht bei Hastings den Beinamen *der Eroberer*. Er starb in Rouen, als sein Pferd in glühende Asche trat, sich aufbäumte und ihn dabei schwer verletzte.

Herzogin Mathilde schenkte – so will es die Überlieferung – ihrem Mann das Langschiff MORA. Mit ihm segelte Herzog Wilhelm 1066 über den Kanal. Die Laterne am Masttopp wies den Schiffen seiner Flotte den Kurs. Gezeichnet nach W. Kirschen (in: Lienau 1941); die Farbgebung folgte weitgehend der Darstellung auf dem Teppich von Bayeux.

Der gestickte Teppich von Bayeux zeigt den Schiffbau in Art der Wikinger. (Foto: Musée de la Tapisserie de Bayeux)

Schiffbau der Wikinger

Handwerk

Die Wikinger besaßen keine Sägen, die groß genug waren, um Baumstämme zu Bohlen und Brettern zu verarbeiten. Auch der durch sie beeinflusste Bootsbau an der Südküste der Ostsee, in der Normandie oder in Irland kam damals ohne Säge aus. Die Gehilfen der Bootsbauer spalteten gleich nach dem Fällen die Stämme aus *Eiche* in Längsrichtung. Zuerst wurde in zwei Hälften, dann zu Vierteln, Achteln und Sechszehnteln geteilt. Diese Folge war notwendig, weil das Holz auf beiden Seiten vom Spaltriss immer etwa den gleichen Querschnitt haben muss, damit der Riss der Maserung folgend läuft.

Stämme aus *Kiefer* und *Linde* wurden halbiert, um dann die Hälften parallel zum Mittelspalt von außen her auf die gewollte Stärke abzuarbeiten. Werkzeuge beim Baumspalten waren Keile, schwere Hammer und das Stoßeisen an einem längeren Stiel, um die dünnen Fasern zu durchstoßen, die sich im Spalt bilden.

Die Spaltbohlen aus Eiche hatten einen dreieckigen Querschnitt. Dadurch war genügend Material für die Klampen auf den Innenseiten der Planken vorhanden. In der späten Wikingerzeit entstand durch Einkerbungen mit dem Beil und Abschlagen von Keilstücken eine Rohplanke mit einem rechteckigen Querschnitt, deren Dicke nur wenig über der später gewünschten Plankendicke lag. Danach wurden der Splint, wie die im Wasser sich schnell zersetzende Wachstumsschicht heißt, und die Spitze zum Stamminneren abgebeilt.

Die immer noch feuchte Rohplanke wurde nachfolgend mit dem Doppelbartbeil und dem Hobel auf die gewünschte Endstärke gebracht. Das Doppelbartbeil benötigte man mit dem Aufkommen von großen Sägen nicht mehr, so dass es aus der Palette der Werkzeuge zur Holzbearbeitung verschwand. Aber gefundene Reste und Abbildungen bezeugen dieses Werkzeug. Der *Teppich von Bayeux*, der ein oder zwei Jahre nach der normannischen Eroberung Englands 1066 gestickt wurde, zeigt auch Bilder von einem Bootsbau in Tradition der Wikinger. Ein Mann bearbeitet mit einem Doppelbartbeil eine Planke, die schräg in einer Baumgabel steckt. Beinah ebenso verfährt man heute beim historisch orientierten Nachbau von Booten und Schiffen der Wikingerzeit. Im rechten Teilbild arbeiten bärtige Männer, was ihre Lebenserfahrung darstellen soll, an den Fahrzeugrümpfen mit damals üblichen Werkzeugen. Nur das mühsame Bohren mit Winde und Löffelbohrer wird bei heutigen Nachbauten mit elektrischen Bohrmaschinen und Spiralbohrern ausgeführt.

Bohlen, Bretter und Planken folgen in Längsrichtung der Holzmaserung. Holz hat in verschiedenen Richtungen unterschiedliche Eigenschaften. Es besitzt in Richtung der Maserung eine etwa vierzigmal höhere Festigkeit als quer zur Maserung. Da die Wikinger das Holz der Maserung folgend bearbeiteten, konnten sie die Planken deutlich dünner und die Abstände der Spanten fast doppelt so groß halten, als es im heutigen Holzbootsbau mit gesägtem Holz üblich ist. Das alles ergab die vorteilhaft leichten Wikingerfahrzeuge.

Holz wird beim Sägen ohne Rücksicht auf seine innere Struktur geschnitten. Angeschnittene Maserungen ergeben örtlich niedrige Festigkeitswerte. Wenn beim Nachbau von Wikingerfahrzeugen die alte Plan-

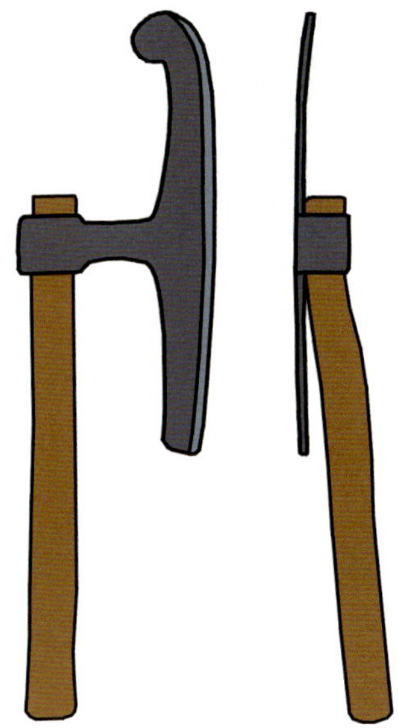

Das Doppelbartbeil – das für die Wikingerzeit typische Werkzeug der Holzbearbeitung.

Nach dem Baumspalten mit Keilen werden einzelne Fasern im Spaltriss mit der Axt durchtrennt.

Links und oben: Das Doppelbartbeil geriet in Vergessenheit, als große Sägen beim Bau hansischer Koggen aufkamen.

kenstärke und der Abstand der Spanten beibehalten werden soll und gleichzeitig eine ausreichende Sicherheit vor Schiffbruch angestrebt wird, sollten möglichst Spaltplanken oder ausgesuchtes Sägeholz ohne stärkere Maserungsanschnitte verwendet werden.

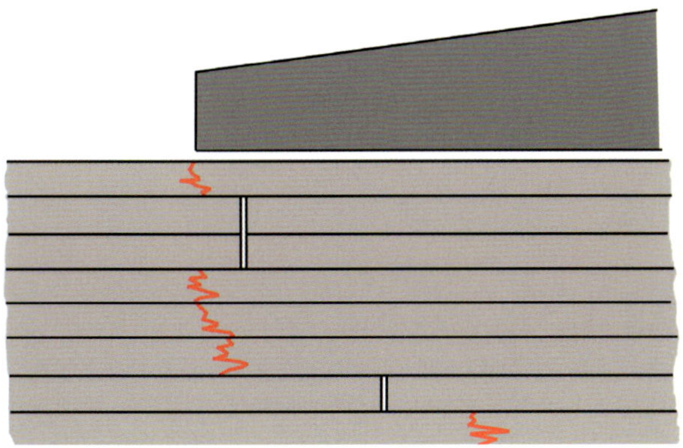

Ormen Friske, der schwedische Nachbau des Gokstadschiffs, sank 1950 ohne Überlebende im Sturm vor Helgoland. Der unsachgemäß zusammengefügte Kiel (hellgrau) versagte achtern beim Ende des Kielschweins (dunkelgrau), als einzelne Teilstücke rissen (rot). Der Rumpf zerbrach in zwei Teile. Wrackteile wurden bei den nordfriesischen Inseln gefunden.

Die Arbeit mit Axt und Beil war nur an nassem Holz möglich. Bei längeren Unterbrechungen der Arbeit lagerte man die Hölzer im Wasser und ließ sie nicht trocken werden. Sie wurden nass in den Rumpf eingebaut. Zuerst arbeitete man den Kiel aus einem Baumstamm. Der fertiggestellte Kiel wurde gerade auf die Helling aus Pfosten und Balken gelegt oder mit Steinen beschwert, um so einen leicht gebogenen Verlauf zu bekommen. Bei langen Schiffen bestand der Kiel aus Teilstücken, die Schräglaschen miteinander verbanden. Schon jetzt wurde der Kiel angestrichen mit einer Mischung aus Leinöl und gleicher Menge rußfreiem Holzteer. Solch ein Anstrich zieht in das nasse Holz schnell ein, klebt nicht und hat eine feste Bindung zum Holz, das darunter langsam trocknet, ohne Risse zu bilden. Das Anstreichen war oft zu wiederholen.

Danach wurden die Steven gesetzt. Anders als bei den bekannten Fahrzeugen aus der Vorwikingerzeit mit dem waagerechten Aufsetzen der Steven auf den Kiel wurden nun Schräglaschen angewendet. Oft bestanden die Steven aus mehreren, zusammengefügten Teilen. War es ein Balkensteven, endeten dort die Planken in einer Nut oder es wurden Halsstücke eingesetzt.

Teer der Wikingerzeit hat fast keinen Ruß, sieht braun aus – riecht und klebt wie Teer. Langes Kochen wandelt ihn zu Pech. Er wird aus kienigem Holz in besonders gestapelten Meilern gewonnen, bei denen der Brand am Meilerrand entfacht und der Teer in der Meilermitte aufgefangen wird.

Von oben nach unten: Die Enden der Fahrzeuge waren Balkensteven (Reststück Gokstadschiff), mehrteiligen Balkensteven mit Ansatz für den untersten Plankengang (Danzig Ohra II), Treppensteven mit Ansätzen für alle Plankengänge (Skuldelev 3) oder Steven als Kombination mehrerer Elemente (links: Skuldelev 2 und rechts: Skuldelev 1).

Diese wurden mit dem Beil aus dem vollen Holz so herausgearbeitet, dass sie einen Teil der Verdrehung der unteren Plankengänge, die mittschiffs fast waagerecht lagen, zur senkrechten Stevensponung aufbrachten. Oder man verwendete Treppensteven, die entweder aus einem Stück bestanden oder aus mehreren Teilen zusammengefügt waren. Dann übernahmen die *Stufen* die Aufgabe der Halsstücke.

Ohne Mallen – also ohne Lehrspanten von der anzustrebenden Rumpfform – wurde beim Achtersteven beginnend der untere Plankengang an Kiel und Steven angebaut. Generell bestanden die Plankengänge aus einzelnen Plankenstücken, die man fast immer mit einer Schräglasche untereinander verband. Die Planken wurden im Bereich der Lahnung passgenau bearbeitet. Dazu strich man eine Fläche der Lahnung mit Teer an und spannte das aufzusetzende Plankenstück darüber. Nach dem Lösen der zusammengespannten Verbindung waren auf der nicht geteerten Lahnungsfläche Bereiche mit Abdrücken von Teer zu erkennen. Diese Stellen hobelte man ab, passte erneut an, arbeitete wieder ab und wiederholte diesen Vorgang so lange, bis Teer fast die ganze Fläche bedeckte. Dann hobelte man in die aufgesetzte Planke ein oder zwei Längsrillen, damit die Kalfatermasse zusätzlich Halt bekam.

War der 1. Plankengang auf beiden Seiten neben dem Kiel eingebaut und vernietet, wurde auch dieser mit dem Teer-Leinöl-Gemisch gestrichen. Die klinker gesetzten Planken hielten bei den Wikingern geschmiedete, eiserne Schiffsnägel mit breitem Kopf zusammen, die man im Rumpfinneren auf Klinkscheiben vernietete. So hießen die flachen, ebenfalls eisernen Vierkantstücke mit einem Vierkantloch, das der Schmied in das glühende Flacheisen auf dem Amboss vor dem Abtrennen geschlagen hatte. Die Nägel hatten meist einen vierkantigen Schaft, der zu einer Schneide aus-

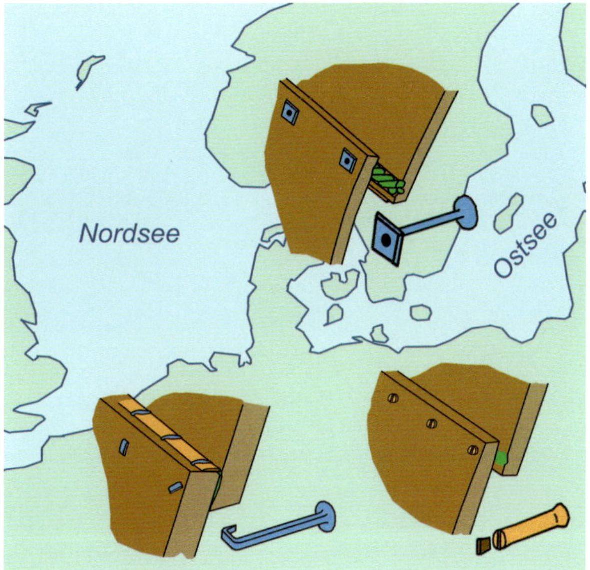

Regional unterschiedliche Verbindungelemente der Lahnung: *Friesen* – umgeschlagene Schmiedenägel, *Slawen* – Holzdübel mit eingeschlagenem Holzkeil, *Wikinger* – auf viereckigen Klinkscheiben vernietete Eisennägel

geschmiedet war. Diese Schneide wurde quer zur Maserung in das vorgebohrte Holz eingeschlagen, um Spaltrisse beim Nageln zu vermeiden.

Danach wurde, wieder beim Heck beginnend, der nächste Plankengang ebenso eingebaut. So entstand nach und nach die Beplankung. Was zu Wikingerzeiten nach Augenmaß und Erfahrung zusammengefügt wurde, muss bei historischen Nachbauten, weil vorgegebene Maße einzuhalten sind, sorgfältig eingemessen werden. Stand das einzubauende Plankenstück zu weit nach unten, drückte man es an der freien Kante mit einem auf dem Erdboden stehenden Lattenstück nach oben. Oder, wenn es zu steil stand, steckte man ein Aststück mit einer schmalen Gabel auf die Planke und band alles passgerecht an einen in die Erde geschlagenen Pflock. Auch wurden andere Konstruktionen zur Fixierung des aufzusetzenden Plankenstücks angewendet.

War schließlich der Plankengang eingebaut, an dem die Spanten enden sollten, wurde das Setzen der Planken unterbrochen. Es wurden die aus krumm gewachsenem Holz gefertigten Spanten eingepasst und an die Klampen der Planken gebunden. Diese Verbindung hatten auch die Vorgängerfahrzeuge Hjortspring, Nydam und das große Boot aus Kvalsund. Sie wurde noch bei den Schiffen aus Oseberg und Gokstad angewendet. Bereits beim kleinen Boot aus Kvalsund und bei den am Ende der Wikingerzeit gebauten Fahrzeugen waren es Holznägel, welche die Spanten mit der Außenhaut verbanden.

Standen die Spanten, wurde bei den größeren Schiffen mit einem Mast ein Innenkiel direkt auf einige Spanten gesetzt. Dieses Bauteil, das auch Kielschwein genannt wird, reichte von der Schiffsmitte über mehrere Spanten nach vorn und achtern. In das Kielschwein war auch die Mastspur gearbeitet, die den Mastfuß aufnahm. Kleinere, mit Mast und Rahsegel versehene Fahrzeuge – Beispiele sind die Funde am Frischen Haff – kamen ohne Kielschwein aus, hatten aber einen verstärkten Spant mit einer Mastspur. Bei den Langschiffen, bei denen der Mast aufgerichtet und gelegt werden konnte, wurde für das Kielschwein ein Stamm mit einem massiven Ast in der Stammmitte ausgewählt. Dieser Ast wurde als Anlagefläche für den Mastfuß gearbeitet, um am Mast ein Widerlager für die Kräfte zu schaffen, die beim Aufrichten oder Niederlegen durch das schräge Ziehen entstehen.

Spanten, Knie, Bugbänder und andere Teile des Innenausbaus wurden aus krumm gewachsenen, dicken Eichenästen herausgearbeitet. Weil beim Fällen der Bäume die meisten Äste durch die Wucht des Aufpralls

Eiserne Schiffsnägel wurden in Skandinavien seit Beginn der Eisenzeit verwendet. Beim noch älteren Hjortspringboot hielt Lindenbast die Planken zusammen.

Lahnung – oft auch Lannung oder Landung genannt – heißt die Überlappung der benachbarten, klinker gesetzten Planken. Dichtmaterial sind Werg, Moos oder Filz, jeweils mit Teer getränkt.

reißen oder splittern und dadurch für den Bootsbau unbrauchbar werden, trennte man damals die Äste der Baumkrone vor dem Fällen ab. Das war eine gefährliche Arbeit in luftiger Höhe. Der *Teppich von Bayeux* gibt auch diese Arbeit wieder; allerdings stehen die Männer auf dem Waldboden neben viel zu kleinen Bäumen. Das war der zu vereinfachenden Darstellung geschuldet, die das Sticken mit bunten Fäden verlangte. Auch für den Nachbau des großen Skuldelev-Schiffs schlug man vor dem Baumfällen die Äste aus der Krone heraus, um die nötige Menge von krumm gewachsenen Hölzern zu erhalten.

Spanten, Auflanger und die Knie wurden genau an die Beplankung passend gearbeitet. Wenn bei den Planken zusätzlich zur einfachen Biegung noch ein Verdrehen hinzukam, wurde warm gebogen. Anstelle der heute üblichen Dampfkiste benutzte man damals ein Glutbett zum Durchwärmen. Dabei wurde die

Auf einem Glutbett wird zusätzlich mit Wasser bestrichenes Holz erhitzt, um es anschließend verformt einzubauen.

Planke immer wieder mit Wasser bestrichen und gewendet, um ein Anbrennen oder Schwarzwerden zu verhindern. Das damals übliche Arbeiten mit nassem Holz war vorteilhaft, weil es die Wärme schnell nach innen leitet. Im heißen Zustand brachte man die Planke formgerecht an und spannte sie mit Zwingen an den bereits eingebauten, unteren Gang. Die äußere, freie Kante fixierte man wie bereits beschrieben. War das Plankenstück abgekühlt, hatte es die neue Form angenommen.

Auf die eingebauten Spanten wurde ein von Spantenkopf zu Spantenkopf reichender Querbalken gesetzt, der im dänischen Sprachgebrauch *bite* heißt. Die Bootsbauer setzten das Beplanken im Wechsel mit dem Einbau von Knien, Auflangern und Stringern fort. Oft erhielt der Rumpf mit Abstand zu den Biten einen zweiten Querbalken, der bei den Langschiffen Sitz für die Ruderer wurde.

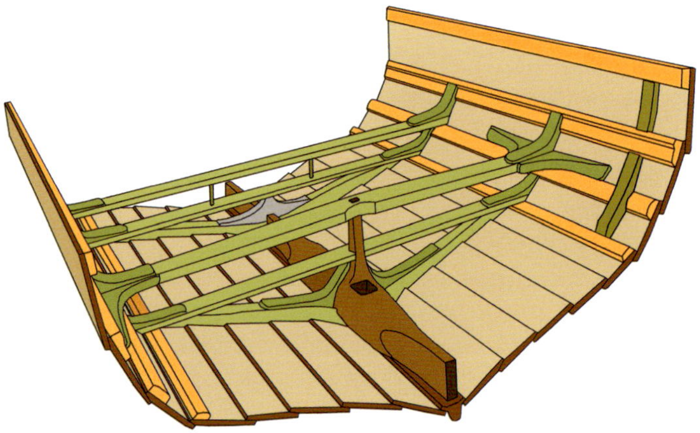

Im dänischen Siedlungsbereich gebaute Wikingerschiffe hatten etwa gleich dicke Außenhautplanken. Zur Verbesserung der Längsfestigkeit wurden innen auf einzelne Plankengänge Stringer (gelb) gesetzt.

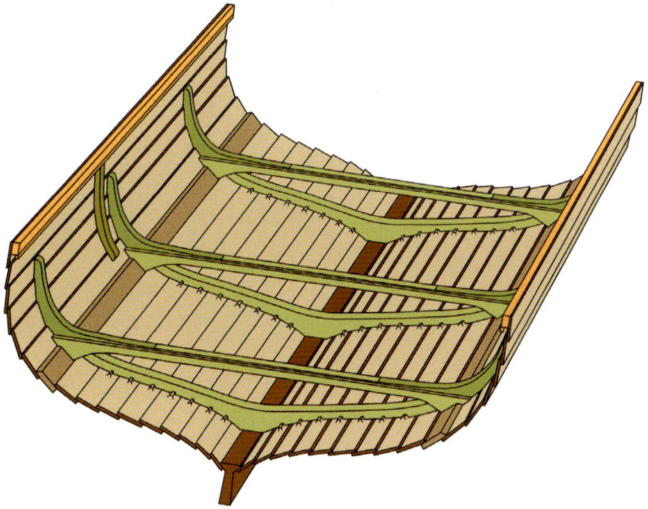

Im norwegischen Wikingerschiffbau fügte man in die Beplankung eine deutlich dicker gehaltene Planke (graubraun) dort ein, wo Spanten und Decksbalken zusammentrafen. Erst der Bordgang erhielt einen Stringer (gelb).

Die Bootsbauer der Wikinger in Dänemark setzten direkt auf die Planken Längsstringer. In Norwegen wurde dort, wo die Spanten endeten, eine deutlich stärkere Planke eingebaut, *meginhufr* genannt. Die oberen Plankengänge steifte man von innen her mit Knien und Auflangern aus. Den obersten, abschließenden Gang verstärkte innen ein Balkweger, dem sich vorn und achtern, wenn dort ein Balkensteven war, das Bugband anschloss.

Die Wikinger bauten ihre Boote und Schiffe aus nassem Holz ohne Schablonen und Lehren so, dass die gewollte Form mit dem vorhandenen Plankenholz ohne größeren Verschnitt entstand. Maß für die Schiffs- bzw. Bootslänge waren die gewünschten Ruderplätze und der notwendige Abstand von Ruderplatz zu Ruderplatz, der dann auch den Spantenabstand ergab. Größere Fahrzeuge hatten oft einen geringeren Spantenabstand und erhielten zusätzlich im oberen Rumpfbereich Auflanger. Generell wurden die Planken klinker gesetzt.

Schiffstypen

Bereits vor Beginn der Wikingerzeit nutzte man in Skandinavien größere Fahrzeuge, die einen Mast mit dem Rahsegel und zahlreiche Ruderplätze besaßen. Solche Schiffe mit einem Segel zeigen die Bildsteine der Vorwikingerzeit.

Das Segel ergab für den Rumpf spezielle, eigentlich unbekannte Anforderungen, die Schritt für Schritt durch Erfahrungen mit Schiffbruch, Kentern oder verbessertem Funktionieren zu erkennen waren. Besonders musste die Schwimmstabilität durch Rumpfform und Ballast verbessert werden. Der seitliche Widerstand im Wasser war zu erhöhen, um besser am Wind segeln zu können. Und außerdem war der Innenausbau des Rumpfes so zu gestalten, dass mittschiffs der Mast sicher stand.

Frühe Fahrzeuge der Wikinger gehören zur **Karv**-Gruppe (altnorwegisch *karfi*). Das erste uns bekannte Schiff dieser Gruppe ist das aus Oseberg mit Ruder-

Bootsbau im Museum Groß Raden beim Nachbau des Ralswieker Bootes. Oben beginnend: Anpassen der Steven an den Kielbalken, Anbau der Plankengänge ohne Lehren, Einbau der Spanten in die noch nicht fertige Plankenhülle, Anpassen von Duchten und fast zum Bauende das Einsetzen der Stringer

ame des undortes	Baujahr	Länge m	Breite m	Spantabstand m	Antrieb	Transport von
jortspring	bis 350	15,3	2,07	1,0	Paddel	Personen
ydam	300	22,85	3,37	1,1	Riemen	Personen
valsund	um 690	18,0	3,2	1,05	Riemen	Personen
seberg	um 820	21,5	5,2	1,03	Riemen + Segel	Personen, Fracht
okstad	895–900	23,24	5,2	0,97	Segel + Riemen	Personen, Fracht
adby	900–925	21,5	2,94	0,90	Riemen + Segel	Personen
aithabu	um 980	30,9	2,7	0,85	Riemen + Segel	Personen
kuldelev 1	um 1030	15,84	4,84	0,93	Segel (+ Riemen)	Fracht (+ Besatzung)
kuldelev 2	um 1042	29,26	3,75	0,75	Riemen + Segel	Personen
kuldelev 3	um 1040	14,0	3,34	0,91	Segel (+ Riemen)	Fracht (+ Besatzung)
kuldelev 5	um 1040	17,3	2,58	0,8	Riemen + Segel	Personen
kuldelev 6	um 1030	11,2	2,38	1,02	Riemen + Segel	Personen + Jagdbeute
	nach Umbau				Segel (+ Riemen)	Fracht (+ Besatzung)

plätzen fast über die gesamte Rumpflänge und einem mittig stehenden Mast, der von der Schiffscrew aufgerichtet und niedergelegt werden konnte. Beim Osebergschiff brach die Masthalterung wahrscheinlich beim Segeln. Das etwas jüngere, hochseetaugliche Gokstadschiff und das um 900 gebaute Tuneschiff erhielten eine deutlich stärkere Masthalterung.

Aus dem Gokstadschiff entwickelte man das *Arbeitspferd* der Wikingerflotten, das Leidang-Schiff, von dem es bislang keinen Wrackfund gibt. Sagas und andere Quellen berichten von den *tjuesesse*, den Schiffen mit 20 (= *tjue*) Riemenpaaren. *J. O. Løset* kommt bei seinem Rekonstruktionsversuch zu einem 31,5 m langen Schiff vom Typ Leidang, das mit einem etwa 110 m² großen Rahsegel getakelt war und Platz für 90 Personen bot. Auch Leidang war ein Fahrzeugtyp sowohl zum Transport von zahlreichen Kriegern mit wenig Zuladung als auch von Händlern oder Auswanderern, für die Zuladung wichtig war.

Neben diesen Fahrzeugen wurden reine Kriegsfahrzeuge gebaut. Auftraggeber dafür waren örtliche Häuptlinge. Um eine große Zahl von Kämpfern mit ihrer Ausrüstung, aber sonst wenig Zuladung zu transportieren, gab es die Langschiffe. Diese Fahrzeuge waren schlanke, schnelle Schiffe mit 20 oder mehr Ruderpaaren und einem niederlegbaren Mast für das Rahsegel. Ein frühes **Langschiff** aus der Zeit um 900 wurde mit dem Ladbyschiff gefunden. Über ein halbes Jahrhundert später entstand das Haithabu-Langschiff.

Die größten Langschiffe wurden im letzten Teil der Wikingerzeit gebaut und waren, so wird heute geschätzt, möglicherweise über 50 m lang. Mit ihnen konnten 200 bis 300 Krieger unterwegs sein. Ein Langschiff mit mehr als 35 Ruderbänken hieß **busse**. Beispiel dafür war ORMEN LANGE mit 43 Ruderbänken, das König Olaf Tryggvason († 1000) bauen ließ. In der Saga *Heimskringla* hieß es, dieses Schiff *sei viel größer als alle anderen des Landes. Das Schiffsbord war so hoch* – die nachfolgende Anmerkung ist bemerkenswert – *wie bei einem für die hohe See bestimmten Schiff. Der Schlangenkopf und dessen Schwanz waren ganz vergoldet.*

Weniger große Langschiffe mit 20 bis 35 Ruderpaaren bezeichnete man damals als **skeide**. Beispiel dafür ist das Schiffswrack Skuldelev 2 und dessen Replik HAVHINGSTEN FRA GLENDALOUGH.

Snekke wurden Langschiffe mit einer größeren Seitenhöhe genannt.

Drage oder *Orm*, norwegisch Drachen oder Schlange, hieß bei den Wikingern ein Langschiff nur dann, wenn es auf dem Vorsteven das Haupt einer Schlange, eines Drachens oder gar von einem Wisent hatte und der Achtersteven als Schwanz geformt auslief. Nicht jeder schmückte sein Fahrzeug, weil – so die Sage – allgemein galt, dass keiner ein größeres Schiff haben sollte als der Jarl und außer ihm keiner ein verziertes Schiff. Das unterband den Neid untereinander und provozierte den Herrscher nicht.

Ein Jarl hatte viel Land und war so reich, dass er sich eigene Schiffe mit einer Mannschaft leisten konnte. In der Rangordnung stand er unmittelbar unter dem König.

Kaupskip war damals die Bezeichnung für die Fahrzeuge der Händler. Neben *karv* und *leidang* kamen zum Ende der Wikingerzeit in alter Bautradition gefertigte Fahrzeuge auf, die für den Warentransport ausgerichtet waren. Dort war eine große Tragfähigkeit mit guten Segeleigenschaften kombiniert. Man bediente das Schiff mit wenigen Mann Besatz. Ein völliger, hochbordiger Rumpf gab diesen großen Kaufschiffen eine gewisse Sicherheit auf See.

Die Wikinger behielten ihr Grundprinzip bei, das sie beim Bau von Schiffen mit vielen Ruderplätzen entwickelt hatten, als sie spezielle Fahrzeuge für den Transport von Handelsware und Lasten bauten. Es blieb bei vorn und achtern spitzgatt, einer geklinkerten Außenhaut aus dünnen Spaltplanken, einem Seitenruder steuerbords, dem Mast mittschiffs mit Rahsegel und den Querverbänden aus Spanten, Biten und Knien. Die Frachtsegler baute man mit einem offenen Laderaum, angeordnet vor und hinter dem Mast. Im Laderaum fehlten die Biten.

Die Frachtfahrer mit 35 Spanten und mehr hießen **knorr** oder **knarr**. Skuldelev 1 war solch eine Knorre. Deutlich kleiner mit 10 bis maximal 35 Spanten war der Typ *byrding*, dem das Skuldelev-Wrack 3 entspricht. Mit diesem kleinen Frachtfahrer der Küstenfahrt wurde vereinzelt sogar bis nach Island gesegelt. Auch waren solche Schiffe dabei, wenn Wasser und Verpflegung für die Armeeflotte zu transportieren war.

Langschiffe einschließlich des Typs *karv* unterschieden sich auch in der Masthalterung von *knorr* und *byrding*. Bei einem Langschiff konnte die Besatzung ohne Hilfe von außen den Mast niederlegen und wieder aufrichten. Diese Masthalterung, die aus Kielschwein und Mastfischung bestand, ist im Abschnitt Gokstadschiff beschrieben. Die Handelssegler fuhren mit einem Mast, der auf dem Kielschwein stand und nur im Hafen in das Schiff zu stellen oder aus ihm herauszunehmen war. Beispiel dafür ist die im Kapitel Skuldelev 1 wiedergegebene Konstruktion. Ein Vorstag und mehrere Wanten – mitunter auch ein Backstag nach achtern – hielten den Mast zusätzlich.

Darüber hinaus sind noch weitere Fahrzeugtypen der Wikingerzeit auszumachen. *Skute*, das waren nach den Berichten in den Sagas kleine, leichte und gut segelnde Schiffe, mit denen in Kriegszeiten Kuriere und andere Personen unterwegs waren.

Fähren, *ferju* genannt, hießen die flachbodigen, meist von zwei Männern geruderten Fahrzeuge zum Übersetzen von Menschen und Vieh über kurze Distanzen. Zur Gruppe der kleinen Ruderfahrzeuge gehörte das *skipsbåt*, das vom größeren Schiff gezogen oder dort an Deck lag, um ein Fahrzeug zum Übersetzen zu haben. Beispiel für diesen Typ sind die im Gokstad-Grabhügel auf dem Schiff gefundenen drei Boote.

Elf Crewmitglieder der SAGA OSEBERG legen bei Winterwetter den Mast nieder (Foto: Holly Hollins).

Rudern und Segeln

Mit der Entwicklung hin zu größeren Fahrzeugen in der Eisenzeit musste der Vortrieb den Abmessungen angepasst werden. Der höhere Freibord über dem Wasser hätte Paddel ergeben, die in der Länge nicht mehr zur Anatomie der Menschen passen. Bei der Einführung des Ruderns blieb es beim Sitzen. Aus den Paddeln wurden langstielige Riemen. Diese hatten mit der Dolle eine Anbindung an das Boot. Der Ruderer, der anders als ein Paddler mit dem Rücken zur Fahrtrichtung saß, zog am Innenhebel des Riemens. Bei Booten mit niedrigerem Freibord band man auf den Bordgang spezielle, aus Astgabeln gearbeitete Dollen, Keipen genannt. Reichte die Außenhaut höher hinauf, als es für die Handhabung durch den auf einer Kiste oder einer Ducht sitzenden Ruderer nötig war, arbeitete man in einen Plankengang meist kreisrunde Öffnungen, die nach achtern einen Schlitz hatten, um den Riemen mit seinem recht schmalen Blatt vom Ruderplatz aus hindurchschieben zu können. Diese Riemenpforten ließen sich mit speziell gearbeiteten Holzstücken verschließen, um das sonst bei Schräglage eindringende Wasser abzuhalten.

Beispiel für eine Keipe auf einem Dollbord. Das Tauende soll den Riemen in der Keipe halten.

Ein Rahsegel zu setzen, lohnte sich für die Langschiffe, wenn der Wind von achtern kam. Auf Kursen gegen den Wind ruderte man und kam deutlich schneller als beim Kreuzen voran. Bei den Kaufschiffen verließen sich die Wikinger nur noch auf das Segel.

Die Lang- und Kaufschiffe der Wikinger segelten bis auf das Kreuzen etwa gleich, beim Kreuzen hatten die Frachtsegler mit ihrem größeren Tiefgang und ihrer Rumpfform einen kleinen Vorteil.

Bei heute üblichen Schratsegeln wird für jedes Segel nur eine Schot zum Segelstellen benötigt. Ausnahme sind die Vorsegel mit Backbord- und Steuerbordschot, um diese Segel jeweils auf der Leeseite zu bedienen.

Anders war das für die Wikinger mit ihrem Rahsegel. Das hatte zwei Schoten, die jeweils vom unteren Schothorn des Segels nach achtern liefen, und an der Rah zwei Brassen, um diese zu bedienen. Bei größeren Rahsegeln war an jedes Schothorn zusätzlich ein Hals gebunden, um mit dieser nach vorne führenden Leine das luvseitige Schothorn vorne am Schiff festmachen zu können. Hoch am Wind erhielt das Segel an der Seitenliek, die dem Wind zugewandt war, durch ein Hahnepot zusätzlichen Halt. Das war eine am Vorstag umgelenkte Leine, die ähnlich einem Hahnenfuß über meist zwei dünnere Enden mit dem Segel verbunden war. Große Rahsegel hatten zusätzlich an der Unterliek Leinen, Prier genannt. Mit ihnen wurde das weite Aus-

Rudern im Stehen mit langen Riemen und dem Blick voraus, wie bei den Gondeln einst und heute in Venedig oder den kleinen Fischerkähnen auf Mecklenburgs Seen, ist auf Gewässern mit wenig Wellen möglich.

Seite 36:
Der Skuldelev-2-Nachbau Havhingsten fra Glendalough auf hoher See (Foto: Werner Karrasch, Wikingerschiffsmuseum Roskilde)

Die Lastverteilung im segelnden Wikingerschiff beeinflusst dessen Steuerverhalten. Der Nachbau vom Ralswieker Boot mit Rahsegel und Seitenruder verhielt sich luvgierig, wenn das Vorschiff tief eintauchte. Das hörte auf, wenn einzelne Mitsegler nach achtern wechselten.

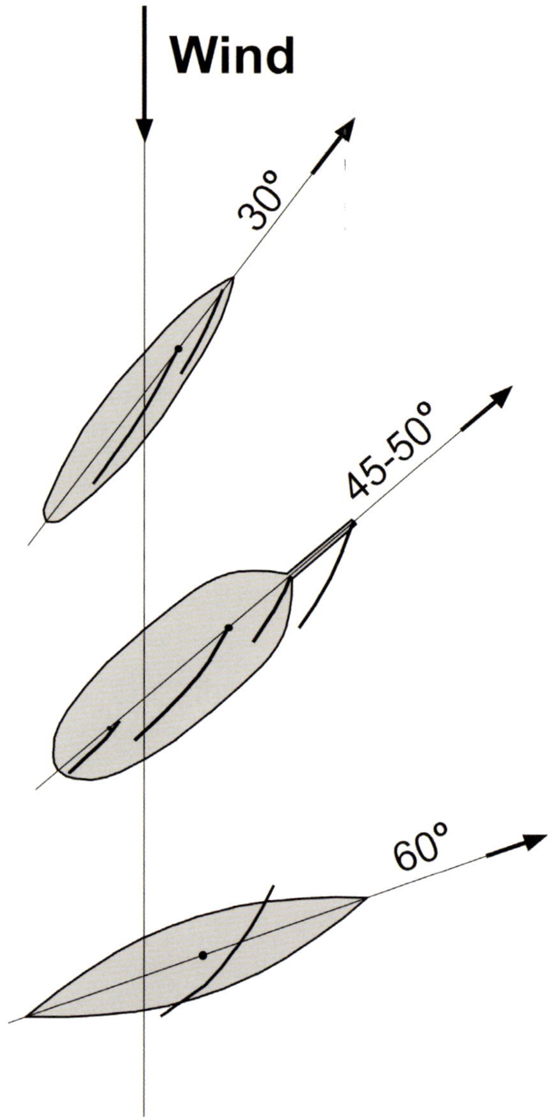

Beim Segeln hoch am Wind erreichten die Wikingerfahrzeuge (unten) gegenüber Zeesenbooten vorpommerscher Fischer (Mitte) und modernen Sportyachten (oben) mit etwa 60 Grad deutlich niedrigere Werte.

Prier heißen die zusätzlichen Leinen an der Unterliek eines Rahsegels. Mit ihnen wird die Segelwölbung beeinflusst (Foto: Werner Karrasch, Wikingerschiffsmuseum Roskilde).

bauchen des Segels eingeschränkt. Auch gab es oft eine Leine, mit der man die Segelmitte zum Mast hin ziehen konnte, um so die Kraft des Segels deutlich zu verringern.

Auch kannte man bei größeren Fahrzeugen den Halsbaum. Ein Ende von diesem Baum steckte in einem

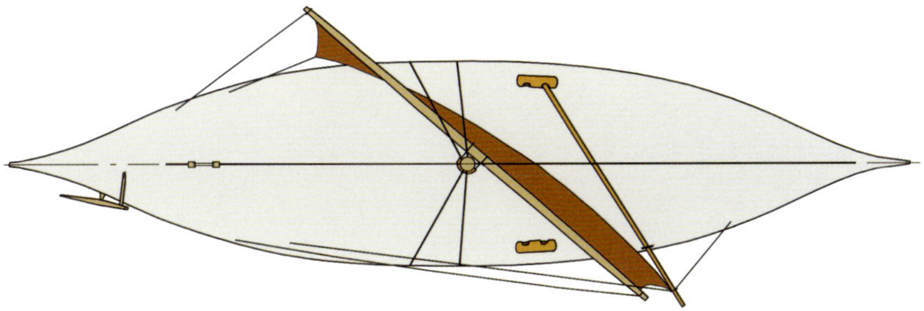

Der schematisch abgebildete, luvseitige Halsbaum beim Gokstadschiff

Unterschiedlich geformte Seitenruder wurden einzeln gefunden. Ob sie sich bestimmten Schiffstypen zuordnen lassen, ist unbekannt. Mitunter arbeiteten die Wikinger in die Hinterkante vom Ruderblatt eine vertikal verlaufende Hohlkehle, um das Querschwingen des Ruders bei Fahrt zu mindern.

Die Befestigung des Seitenruders bei SNORRI – so heißt ein amerikanischer Nachbau der großen Skuldelev-Knorre – bereitete beim Segeln von Grönland nach Neufundland Schwierigkeiten, als drei vorbereitete Weidenstränge brachen. Erst ein elastisches Kevlar-Seil erfüllte diese Aufgabe / nach Carter 2003.
Ob die Nennung von Weidensträngen ein Fehler der deutschen Übersetzung vom amerikanischen Original ist, konnte nicht ermittelt werden. Als das Langschiff HAVHINGSTEN FRA GLENDALOUGH auf seiner Irland-Tour unterwegs war, brach wiederholt die Ruderhalterung.

Klotz, der ähnlich wie beim Gokstadschiff zwischen zwei Spanten befestigt war. Der Halsbaum ragte über den Bordgang hinaus, an den er gebunden war, und hielt den Segelhals außenbords. Der Segelstellung angepasst, wurde der Halsbaum ausgerichtet. Bei kleineren Fahrzeugen band man den luvseitigen Segelhals ohne Halsbaum direkt an den Bordgang. Segler kennen zum Kurswechsel die Manöver **Wende**, bei der der Bug durch den Wind dreht, oder **Halse** mit einem durch den Wind drehenden Heck. Die Wende ist für ein Schratsegel ein relativ einfacher Vorgang, weil solch ein Segel sich alleine mit dem Wind dreht.

Anders verhält es sich mit dem Rahsegel, weil bei ihm unabhängig vom Kurs die dem Wind zugekehrte Segelseite nicht wechselt. Deshalb steuert man beim Kurswechsel andere Manöver. Man luvt an, stellt dann das Rahsegel quer zum Wind und lässt das Fahrzeug rückwärts treiben. Dabei wird das Ruder so gestellt, dass der Rumpf sich dreht und so der Bug durch den Wind kommt. Danach wird das Segel mittels Brassen an der Rah gedreht, und los geht das Segeln auf dem anderen Kurs. Dieses umständliche, bei Starkwind gefährliche Manöver umgeht die sogenannte Kuhwende, bei der das Fahrzeug einen Kreis segelt, um so den neuen Kurs zu erreichen. Beide Manöver sind im Vergleich zur Wende oder Halse mit Schratsegeln aufwendig. – Typisch für ein Wikingerschiff war das seitlich angebrachte Ruder, mit dem der Steuermann sein Fahrzeug auf Kurs hielt. Das Seitenruder wurde bereits bei den Paddlern der Bronzezeit als lose geführtes Paddel genutzt. Dieses Paddel mit dem etwas größeren Blatt handhabte man wegen der Rechtshändigkeit auf der in Fahrtrichtung rechten Bootsseite. Später blieb es beim rechtsbordigen Seitenruder. Die Wikinger nagelten außenbords als Distanzhalter zwischen Ruder und Rumpf einen Klotz auf die Außenhaut. Klotz, Außenhaut und der dahinter stehende Spant wurden ebenso wie das Blatt des Ruders durchbohrt. Ein starkes Tau oder ein zu Holzfasern gedrehtes Birkenstämmchen hielten das bewegliche Ruder. Bei Letzterem saß der gestutzte Wurzelballen wie ein Knoten außen am Ruder. Diese Befestigungen brachen bei heutigen Nachbauten manchmal während der Fahrt auf hoher See. Im Bereich des Bordganges hielt zusätzlich ein Gurt den Ruderschaft. Deutlich nach der Wikingerzeit wurde das Heckruder allgemein üblich. Aber bei der Bezeichnung *steuerbord* für in Fahrtrichtung rechts blieb es.

Zur Reisedauer sind einzelne Angaben überliefert. Unerwähnt blieb immer, ob es eine besonders schnelle Reise ohne schlechtes Wetter war. Reisen mit heutigen

Das Langschiff HAVHINGSTEN segelt mit einem Halsbaum, an dem luvseitig das Schothorn festgemacht ist (Foto: Werner Karrasch, Wikingerschiffsmuseum Roskilde).

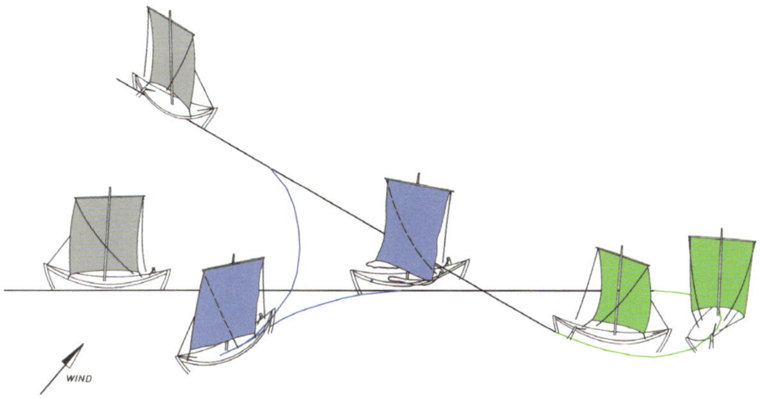

Kurswechsel mit einem Rahsegel: Kuhwende (grün) oder zurücktreiben mit Rumpfdrehen und nachfolgendem Drehen der Rah (blau)

Nachbauten tragen zu einem realen Bild über die mögliche Reisedauer bei. Ausgewertet werden nicht die gemessenen Geschwindigkeiten, sondern die in 24 Stunden zurückgelegten Distanzen. Und Fahrten über mehr als 18 Stunden werden auf 24 Stunden Segeldauer hochgerechnet und dann berücksichtigt. Der 16 m lange Frachtsegler OTTAR aus Roskilde, ein Nachbau von Skuldelev 1, erreichte bei meist leichtem und mäßigem, zum Teil auch bei widrigem und unstetem Wind mittlere Etmale von 71 ± 5 Seemeilen (sm). VIKING, der erste Nachbau vom Gokstadschiff, segelte vor etwa 120 Jahren von Norwegen nach Amerika. Trotz Sturm und schwierigem Wetter lag das mittlere Etmal bei 76 sm. Der fast 30 m lange Nachbau Skuldelev 2 – HAVHINGSTEN FRA GLENDALOUG – hatte bei zumeist günstigem Wetter ein mittleres Etmal von fast 107 sm. Der höchste Tageswert betrug nach A. Englert 159 sm. Diese Angaben bewegen sich in etwa in den Bereichen, die bereits D. Ellmers 1972 aus zeitgenössischen Quellen für einen Segeltag bei Langstreckenfahrt errechnete. Beim Segeln mussten die Wikinger Vorsicht walten lassen – und das Gleiche gilt auch für das heutige Fahren in den Nachbauten. Bei unseren modernen Segelyachten ist es nicht besonders tragisch, wenn Wind oder Sturm so ins Segel drücken, dass sich eine hohe Schräglage einstellt. Ein nasses Deck – erst dann fiert oder refft man die Segel. Anders war das bei den offenen Fahrzeugen der Wikinger. Da lässt zu viel überkommendes Wasser ein Fahrzeug überraschend schnell sinken. Sagas berichten von Auseinandersetzungen der Besatzung beim ständigen Wasserschöpfen und von über das Leebord hinausreichenden Ablaufrinnen aus Holz, die diese Arbeit erleichterten. Pumpen – etwa eine primitive Kolbenpumpe mit Zugstab und einfachen Ventilklappen – wurden in den Sagas nicht erwähnt und bislang auch nicht gefunden.

Besatzungen auf heutigen Nachbauten widmen dem Überlebensschutz besondere Beachtung. Jeder an Bord muss individuell über eine moderne, besonders vor dem kalten Wasser schützende Ausrüstung verfügen, weil trotz aller Vorsicht und allem seemännischem Können manchmal ernste Situationen entstehen.

Etmal ist die in 24-Stunden zurückgelegte Wegstrecke.

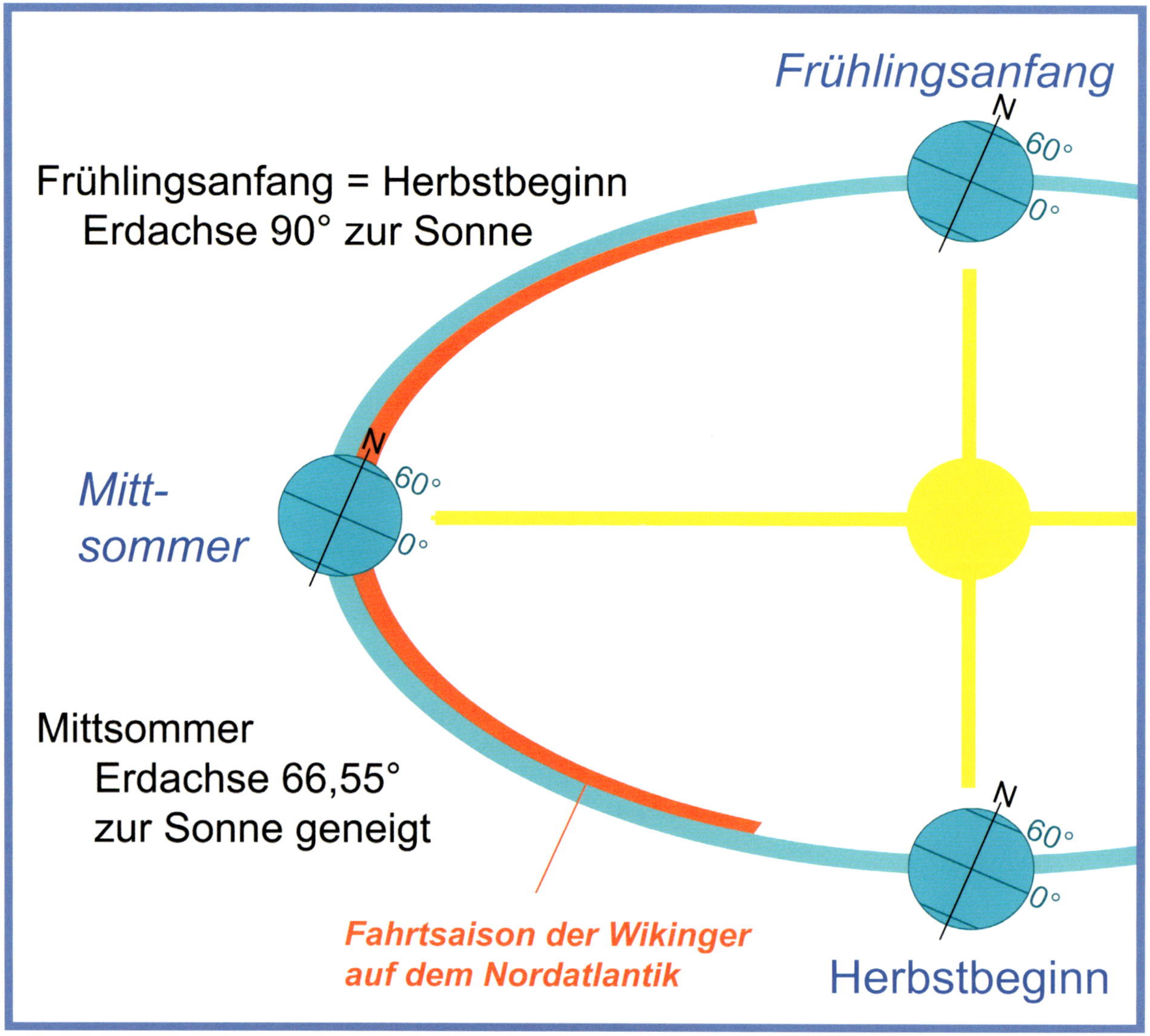

Sommerhalbjahr der Nordhälfte der Erde: Die Neigung der Erdachse mit 23,45° zur elliptischen Umlaufbahn bedingt die tägliche Änderung des Sonnenstandes. Bei Frühlingsanfang und Herbstbeginn gibt es die Tag- und Nachtgleiche, weil dann das Sonnenlicht im rechten Winkel zur Erdachse auf die Erde fällt. Auf der Nordhalbkugel erreicht die Sonne zur Sommersonnenwende ihren höchsten Stand.
Rot eingezeichnet ist die Zeit der Wikingerfahrten auf dem Atlantik.

Navigation der Wikinger

Wir Heutigen haben uns bei der Navigation auf See an viele technische Hilfsmittel gewöhnt: GPS, Radar, elektronische Seekarten und anderes.

Genau gehende Uhren ermöglichen seit 300 Jahren die Bestimmung des Längengrades am Standort. Rückschlüsse auf den Breitengrad werden mit dem Sextanten, einem feinmechanisch hergestellten Messgerät mit Filtern und Spiegeln, und lange Zeit vorher mit dem Jakobsstab auf See bestimmt, indem man die Höhe von Sonne oder Sternen über dem Horizont misst.

Nur Lot, Peilstab und wahrscheinlich eine noch vorzustellende Vorrichtung gehörten zur kläglichen Navigationsausrüstung eines Wikingerschiffs.

Die Kaufleute der frühen Wikingerzeit befuhren Ost- und Nordsee und die norwegischen Gewässer entlang der Küsten. Man reiste vorzugsweise am Tag und nur dann in der Nacht, wenn die Küstenlinie im noch vorhandenen Licht zu erkennen war. Ohne Seekarten wussten die Steuerleute damals aus langjähriger Erfahrung, welche Küste flache Wälder, gelbe oder weiße Ufer (Lehm- oder Kreideabbruch) hatte, welche Höhenlinien das Land aufwies, wo man in Fjorde, Haffe, Bodden und Flüsse hineinfuhr oder von wo eine Tagesreise ohne zeitweilige Landsicht zu starten war.

Die Wikinger und später auch die Koggenfahrer segelten los, wenn der Schiffsführer meinte, dass der Wind langanhaltend für ihr Ziel günstig wehen würde. Und bei plötzlich aufkommendem Unwetter ließ man sich treiben und versuchte so, sich zu retten, was aber nicht immer glückte. Erwähnt wurde beispielsweise König Harald, der sich mit einem wackeren Sprung vom sinkenden Schiff vor Hedinsö/Hiddensee aus der Not befreite.

Eine Orientierung wurde für die Wikinger richtig schwierig, als sie die Küsten mit den Landmarken verließen und sich auf die hohe See wagten. Zuerst waren es Fahrten von Norwegen zu den Inseln Shetland, Irland und Färöer. Später segelten sie von dort nach Island, noch später gingen die Fahrten bis nach Grönland. Auch auf der Fahrt nach Amerika und wieder zurück musste über viele Tage hinweg auf dem Atlantik ohne Landsicht gekonnt gesteuert werden, um zum Ziel zu kommen. Die Wikinger unternahmen ihre langen Reisen in der Zeit vom späten Frühjahr bis in den Spätsommer hinein, weil dann freundlicheres Wetter vorherrschte. Das heutige Wetter im Fahrtgebiet nördlicher Atlantik, das Handbücher beschreiben, entspricht aber nicht ganz dem vor 1000 Jahren, weil damals die durchschnittliche Temperatur um wenige Grad höher lag. Man nimmt an, dass zur Zeit der Wikinger beim Start in Norwegen vorwiegend westliche Winde wehten, die in der Nähe von Island oft auf mehr südlich und dann hinter Island wieder auf West drehten, um bei Grönland vorwiegend aus Nordwest zu kommen. Natürlich wechselten auch damals die Windrichtungen. Verglichen mit heute gab es weniger und mit geringerer Stärke wehenden Westwind.

Für die lange Reisedauer mit den Wikingerschiffen spricht, dass man oft in einem Jahr von Norwegen nach Island fuhr. Dort überwinterte die Bootsbesatzung, um erst im nächsten Jahr die Rückreise anzutreten. Zwei Reisen in einem Jahr wurden als besondere Kühnheit gewertet. Auch wurde in den Sagas ein Mann erwähnt, der so fahrtglücklich unterwegs war, dass *er immer den Hafen traf, den er wollte.*

Die direkten Distanzen betragen: Bergen–Färöer 370, Färöer–Island 340, Island–Grönland 800 und Grönland–Neufundland 550 Seemeilen. Real ist ein Vielfaches zurückzulegen, wenn man kreuzen muss.

Wetterbeobachtungen der Neuzeit sind in den *Monatskarten für den Nordatlantischen Ozean* zusammengestellt: **April** Starkwind (6 bis 7 Beaufort) bis zu 20 Prozent aller Einträge; Ende **April** und **Mai** wenig Starkwind und vielfach Wind, meist mit 4 bis 5 Bft, aus NW, N oder NNO; **Juni** und ähnlich Juli Wind oft aus S und SSW; **August** Starkwind unter 15 Prozent der Wetterbeobachtungen; **September** Starkwind bei jeder fünften und Sturm bei jeder zehnten Beobachtung.

Eine Saga erzählt davon, dass man auf dem Schiff mitgeführte Raben nacheinander frei ließ, um aus der Richtung, wenn ein Vogel fortflog, zu folgern, wo das nicht zu sehende Island lag. Die Nähe dieser Erzählung zum Bericht vom Taubenpaar auf der Arche Noah lässt vermuten, dass der Erzähler seine Saga mit dem zielfindenden Raben ausschmückte. Die hochaufragende Bergküste Islands ist ohne Nebel oder Regen weithin zu sehen und ein hoch über dem Schiff fliegender Rabe hat keinen wesentlichen Sichtvorteil. Dass ein Rabe, der zu den Standvögeln gezählt wird, Land aus großer Entfernung ohne Sicht erkennen kann, ist wenig wahrscheinlich.

Bei den Fahrten von Norwegen nach Island und später auch nach Grönland war westwärts zu steuern. Der Bereich vom 60. Breitengrad bis zum Polarkreis bestimmte die damalige Islandfahrt. Das etwa 180 Seemeilen breite Island mit den über tausend Meter hohen Bergen war bei guter Sicht weit zu sehen. Das verringerte bei gutem Wetter die Segelstrecke ohne Landsicht. Seevögel – weiter entfernt die größeren und näher die kleinen – deuteten auf Landnähe. Aber nicht immer fand man damals dorthin. Von Gunnbjörn wurde berichtet, dass er ungewollt in Grönland landete und dort mit seiner Mannschaft überwinterte. Nach der glücklichen Rückkehr berichtete er davon so präzise, dass später Erik der Rote gezielt dorthin fahren konnte.

Segelanweisungen wurden im 13. Jahrhundert – also deutlich nach der Wikingerzeit – in dem *Landnámabók* aufgeschrieben Dort heißt es: *Erfahrene Männer sagen, dass von Stad in Norwegen bis Horn im östlichen Island sieben Tage zu segeln sei und von Snæfellsnes, wo es am nächsten ist, vier Tage bis Hvarf auf Grönland.* Die angegebenen Zeiten trafen nicht für alle Reisen zu. Oft war man viel länger unterwegs.

Zur direkten Verbindung zwischen Norwegen und Grönland hieß es in dieser Segelanweisung: *Man sagt*

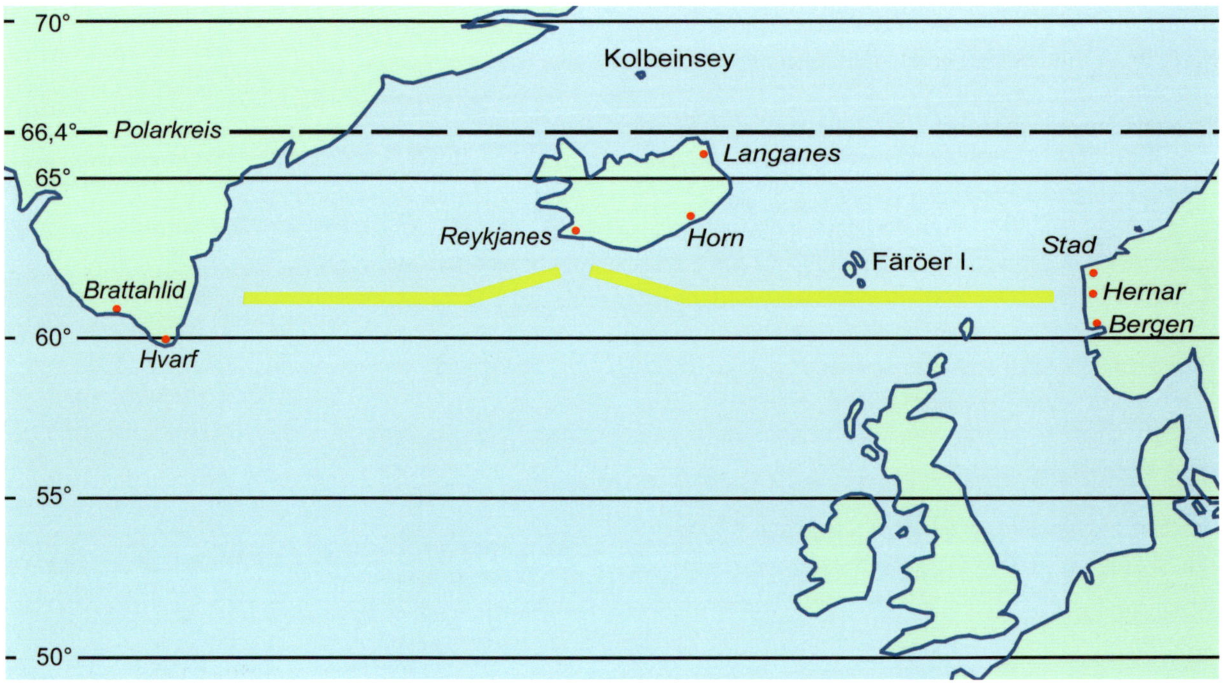

Von Norwegen nach Island oder Grönland segelten die Wikinger mit Kursen auf dem 60. Breitengrad oder nördlicher. Der gleiche Abstand der Breitengrade ergab die verzerrte Darstellung.

aber, wenn man von Bergen grade nach Westen fährt bis nach Hvarf auf Grönland, dass man dann zwölf Seemeilen südlich von Island vorbeifährt. Eine Wikinger-Seemeile soll 5 bis 7 heutigen Seemeilen entsprochen haben.

Von Hernar in Norwegen, das nördlich von Bergen liegt, *bis Hvarf in Grönland soll man immer nach Westen segeln, dabei kommt man so weit nördlich von Shetland vorbei, dass dies nur bei ganz ruhiger See sichtbar ist, und so weit südlich von den Färöer, dass die See in halber Höhe der Bergküste liegt, und so weit südlich von Island, dass Vögel und Wale von dort herüberkommen.*

Die Islandfahrer machten oft Halt auf den Inseln Shetland, Orkney oder Färöer, nahmen dort Wasser und warteten auf gutes Wetter, um dann weiterzusegeln.

Kam der Wind aus einer für das Ziel unvorteilhaften Richtung, musste gekreuzt werden. Die Wikingerfahrzeuge segelten bis zu 60° hoch am Wind. Es mussten viele, lange Schläge gesegelt werden, um bei Westwind auch westwärts voranzukommen. Oft war man lange unterwegs, was nicht störte, wenn Trinkwasser und Nahrung ausreichten.

Aber wie orientierten sich die Wikinger ohne die nach ihrer Zeit aufkommenden Hilfsmittel wie Karten, Jakobsstab, Kompass?

Wo in etwa **Nord** war, ergab sich für die Wikinger an Tagen ohne Wolken aus der beobachteten Mittagshöhe mit der dann im Süden stehenden Sonne. Daraus ließ sich die Richtung von Wind und Dünung erkennen, nach der man sich beim Segeln orientieren konnte. Wenn sich deren Richtung leicht änderte, blieb das an Bord bis zur nächstmöglichen Nordbestimmung unbemerkt. Bei Fahrten nach Island musste bei klarem oder leicht bewölktem Himmel um die geschätzte Mittagszeit die Sonne backbords stehen.

In ihrem Fahrtbereich konnten die Wikinger bei klaren Sommernächten ableiten, wo Nord war. Die Stellen, wo am Horizont die Sonne unter- und aufgeht, rücken bis zur Sommersonnenwende immer mehr nach Nord, um danach wieder zunehmend auseinanderzugehen. Zusätzlich schätzten die Wikinger aus Abend- und Morgenrot in etwa die Richtung Nord. Am Polarkreis ist die Sonne zur Mittsommernacht den ganzen Tag am Himmel zu sehen und hat genau Nord ihren tiefsten Stand. Weiter nördlich tritt das in einer Spanne von einigen Tagen davor und danach auf.

Der Nordstern, damals auch Wegestern genannt, war auf den Wikingerkursen wegen des hellen Nachthimmels meistens nicht zu sehen. Ein etwas hellerer Stern, der den Polarstern umkreist, wurde mehrere Wochen nach Beginn und vor Ende der Fahrtsaison mit einer für damaliges Verständnis ausreichenden Genauigkeit ihr Wegestern.

Für die Wikinger auf dem Atlantik war außerdem die geografische **Breite** wichtig. Sie mussten in etwa ihre Position in Nord-Süd-Richtung kennen, um nicht zu weit im Süden oder im Norden an Island oder südlich an Grönland vorbeizufahren. Von Island kommend war das hoch aus dem Meer aufragende Norwegen eigentlich nicht zu verfehlen.

Die Mittagshöhe der Sonne über dem Horizont ist von der geografischen Breite und dem Datum abhängig. Auf der Nordhalbkugel der Erde steht die Mittagssonne an jedem Tag im Süden höher als im Norden. Und am gleichen Tag hat sie überall auf einem Breitengrad dieselbe Höhe über dem Horizont. Das kannten und nutzten die Wikinger. Sie richteten es so ein, dass sie auf ihrer Fahrt von Norwegen nach Island zuerst nordwärts bis zum Abfahrtshafen Stad oder Hernar segelten, um von dort über den Atlantik auf etwa der gleichen geografischen Breite nach Westen zum Ziel

Die Norweger benannten in alten Zeiten nur die Richtungen des Windes *norðri, austri, suðri* oder *vestri*. Die Zwischenteilung NO hieß *landnorðr* und SO *landsuðr*, weil das der über das Land kommende Wind war. NW war *útnorðr* und SW *útsuðr*.

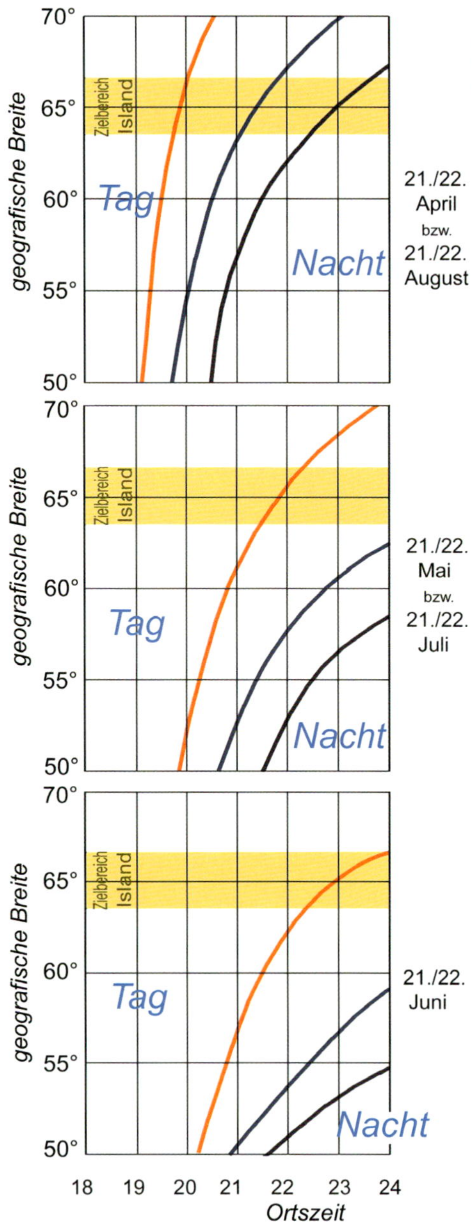

Der Abend mit Sonnenuntergang (rot), bürgerlicher Dämmerung (blau) und nautischer Dämmerung (schwarz) für geografische Breiten von 50 bis 70° Nord, abhängig von der Ortszeit. Etwa spiegelbildlich dazu sind die Dämmerungen am Morgen und der Sonnenaufgang zu beobachten (Basisdaten nach *www.Mondkalender.de*).

Island oder Grönland zu fahren. Das Fahren auf etwa gleicher Breite war für sie wichtig, um auf See mit einfachem Hilfsmittel bestimmen zu können, ob ihr Ziel weit hinter dem Horizont vor ihnen lag.

Die Wikinger erfassten die Sonnenhöhe mit der Schattenlänge, die ein Gegenstand auf einer waagerechten Fläche wirft. Beispiel dafür kann hier das um 1950 in Uunartoq/Grönland gefundene Bruchstück von einer aus Holz geschnittenen Scheibe sein. Sie wird oft Sonnenkompass genannt, was ihre Eigenschaften überschätzt. Besonders hinzuweisen ist auf ihre radiale Skala mit 16 kurzen Querstrichen. Ein Gnomon, der in der Scheibenmitte steht, wirft mit einer Spitze einen Schattenpunkt, der auf der Skala ein Maß bekommt.

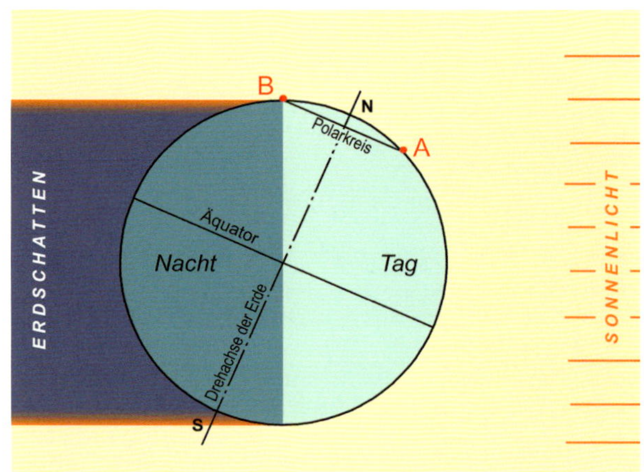

Beim Polarkreis steht die Sonne am Mittsommertag um Mitternacht genau Nord.

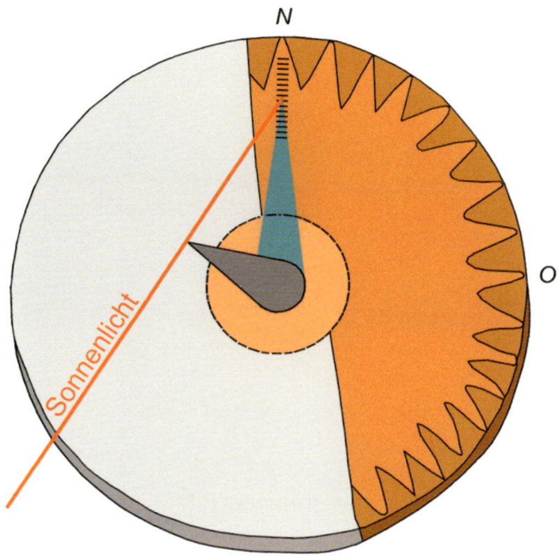

Schematische Abbildung einer Schattenlehre zur geografischen Breitenschätzung

Wenn es dem Skipper gelang, diese Vorrichtung zur örtlichen Mittagszeit trotz Seegang waagerecht zu halten, konnte er die gemessene Schattenlänge mit derjenigen vergleichen, die er an seinem Abfahrtshafen ermittelt hatte. Die kalendarische Änderung der Schattenlänge – die bis zur Sommersonnenwende kürzer wird und danach wieder wächst – könnte, wenn man eine von U. Schnall zitierte Saga beachtet, ein höhenverstellbarer Gnomon ausgleichen, wenn dessen schattenwerfende Länge alle zwei oder vier Tage verstellt wird. H. Falk nennt sogar den Namen *solkuggaafjol* für ein mit Wasser gefülltes Gefäß, das ein kräftiger Mann den Seegang ausgleichend hält, und ein darin schwimmendes Brett, das mit einem höhenverstellbaren Gnomon und eingeritzten, konzentrischen Kreisen zur Schätzung der geografischen Breite benutzt wurde. Die hellen Sterne am Himmel gaben dem Skipper, wenn er die geschätzte Höhe über dem Horizont mit seiner letzten Beobachtung verglich, einen Hinweis auf Änderungen der Breite seines Standortes. Außerdem wiesen ein dunklerer Himmel und besser zu sehende Sterne in einer klaren Nacht auf eine Ortsveränderung nach Süden hin. Kürzere Nächte, eine länger währende Dämmerung und das Verblassen der Sterne, all das zeigte dem Schiffsführer eine weiter im Norden liegende Position an.

Die Orientierung am Tag und in der Nacht muss für die Wikinger so treffend gewesen sein, dass Seereisen von Island nach Irland oder England immer mit einem Umweg begannen. Zuerst ging es nach Norwegen und von dort erst weiter zum eigentlichen Ziel.

Ein *Sonnenstein*, der in den Sagas mit der Geschichte erwähnt wurde, nach der ein Wikinger bei Bewölkung oder leichtem Schneefall den Standort der Sonne ermitteln konnte, fehlt bislang in den Funden aus der Wikingerzeit. Neuerdings wird dieses Phänomen physikalisch von G. Ropars und Kollegen untersucht. Das Mineral Kalzit, auch Doppelspat genannt, bricht Licht, das von Wolken teilweise polarisiert wird, in zwei Lichtpunkte, die in Sonnenrichtung gleich hell sind. Falls die Wikinger mit dem Sonnenstein ermitteln konnten, wo die Sonne am bewölkten Himmel stand, wäre es für sie selbstredend außerordentlich hilfreich gewesen. Ob ein *leiðarsteinn*, ein primitiver Magnet-Kompass, bereits zur Wikingerzeit in Gebrauch war, ist umstritten.

Auf vielen Reisen gesammelte Erfahrungen, gepaart mit individuellem Können und sorgfältigen Beobachtungen von Himmel und See, ließen die Wikinger-Skipper ihr Ziel Island oft mit Umwegen finden, wenn widrige Winde herrschten oder dichte Wolken und Nebel ihnen die Orientierung nahmen. Nicht alle Schiffe konnten ihr Ziel erreichen.

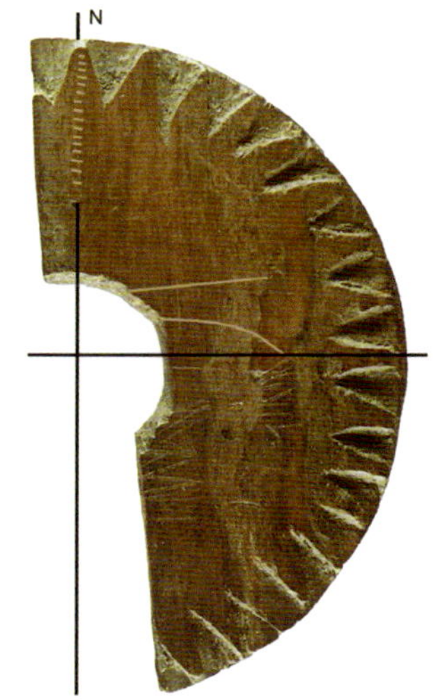

Das in Grönland von C. L. Vebæk gefundene Bruchstück einer hölzernen *Kompass*-Scheibe mit etwa sieben Zentimetern Durchmesser

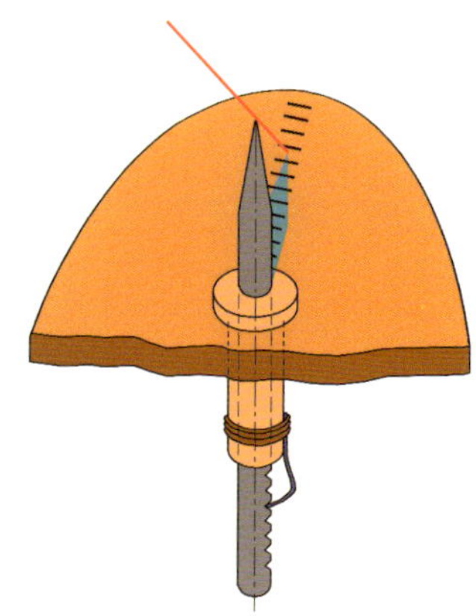

Mögliche Ausführung einer Schattenlehre mit verstellbarem Gnomon

Eine wasserdichte Spundwand ermöglichte die Bergung der fünf Wracks im Roskilde Fjord beim nahen Dorf Skuldelev (Foto: Wikingerschiffsmuseum Roskilde).

Rekonstruktion der Wrackfunde

Die ersten Funde wurden auf dem Zeichentisch zum Wikingerschiff zusammengefügt und die fehlenden Teile dem damaligen Kenntnisstand folgend ergänzt. Diese Rekonstruktionen wurden als sorgfältig hergestellte Drucke veröffentlicht. Jedoch war es seinerzeit fast unmöglich, so die wahren Verhältnisse aufzudecken.

Von Juli 1957 bis Oktober 1962 wurden fünf Wracks im Roskilde Fjord bei Skuldelev geborgen, die Ausgangspunkt für eine intensive Erforschung des Wikingerschiffbaus wurden. Die Arbeit begann in kleinen Schritten. In den ersten Jahren wurde der Fundplatz durch Taucher erkundet. Als man nach dem dritten Tauchjahr die Größe des Fundplatzes kannte, gaben drei gemeinnützige Stiftungen und eine große Brauerei Geld, das ohne Zögern aufgestockt wurde, als es notwendig war. Eine fünfeckige Spundwand wurde um die Fundstelle gerammt. Auf einer Fläche von etwa 1600 m^2 erfolgte im Sommer 1962 die Bergung, bei der auch über 30 studentische Helfer mitarbeiteten. Im Herbst war das letzte Teil geborgen und die Spundwand konnte zurückgebaut werden.

Über fünf Jahre hinweg dauerte die Konservierung der geborgenen Holzreste. Eine Konservierung von Hölzern, die lange Zeit im Wasser oder in feuchter Erde gelegen haben, ist unbedingt nötig, um das Schrumpfen beim Trocknen zu verhindern. Die Funde waren so gut erhalten, dass bald nach Möglichkeiten gesucht wurde, sie auszustellen. Im Ringen um den Ort, wo ein Museum zu errichten war, gab es sogar einen Fackelzug. Es wurde entschieden, am Ufer der Förde östlich vom Hafen Roskilde die *Vikingeskibshallen i Roskilde* zu bauen. Die Wracks der Schiffe sollten in der klimatisierten Halle mit einer großen Fensterfassade stehen. Während der Planung zeigte sich, dass das große Schiff nicht 18 Meter maß, sondern, wie es die nun vorliegenden Befunde zeigten, elf Meter länger war. Deshalb musste das Konzept für den Rundgang der Besucher geändert und, wie es im Museumsführer heißt, *eine bescheidene Verlängerung des Gebäudes* vorgesehen werden.

Der Zusammenbau der zahlreichen kleinen Teile zum Fundfahrzeug erfordert grundsätzlich eine ausgeklügelte Kennzeichnung aller Einzelstücke, Geduld, Können und Offenheit für neue Techniken. Das Holz wird beim Konservieren merklich schwerer, ohne dabei seine alte Festigkeit zurückzubekommen. Holzdübel und Metallschienen halten nun die Einzelteile zusammen – sie bleiben für die Besucher unsichtbar.

Weil das konservierte Holz der Belastung durch das Nieten von Eisennägeln mit Klinkscheiben nicht gewachsen gewesen wäre, wurde eine Schraubverbindung entwickelt. Kupfernägel mit einem breiten, chemisch rostfarben gefärbten Kopf und einem Schaft mit Gewinde wurden mit Klinkscheiben aus Zinn verschraubt, ohne dabei großen Druck aufzubringen. Später als angenommen konnten zur Jahreswende 1969 die räumlichen Schablonen von Wrack 3 und 5 gezeigt werden. Es hatte mehrere Monate gedauert, bis man die nötigen Arbeitsschritte für den Aufbau wirklich beherrschte. Viele der konservierten Teile mussten verformt werden. Das thermoplastische Konservierungsmaterial war auf eine vorgegebene Temperatur zu erwärmen, damit es für die Verformung weich genug

Im Wikingerschiffsmuseum Roskilde formte man aus Kunststoff den Stufensteven für den Aufbau vom Wrack Skuldelev 3, weil sich der gefundene Treppensteven mit seinen Ansätzen für die Planken unter der Einwirkung von Wasser, Schlamm und Wrackteilen zu sehr verformt hatte. Der zu Wrack 3 gehörende Treppensteven wird als Einzelteil gezeigt (Foto: Werner Karrasch, Wikingerschiffsmuseum Roskilde).

Konserviertes Plankenstück eines Skuldelev-Wracks mit Rissen und Fehlstellen

wurde. Auch dafür musste eine Technologie mit nötigen Vorrichtungen entwickelt werden.

Keines der fünf Schiffe war vollständig erhalten. Am besten stand es um das zu drei Vierteln erhaltene Handelsschiff Wrack 3. Besonders schlecht sah es dagegen bei dem Langschiff Wrack 2 aus, von dem nur noch ein Viertel vorhanden war. Bei allen Wracks deuten in der Ausstellung dünne Metallschienen die Konturen der Schiffe an. In den Metallgerüsten stehen die konservierten Fundteile und vermitteln dem Besucher Größe und Gestalt dieser Fahrzeuge.

In Roskilde wurde neben dem Museumsbetrieb die Forschung zu den Schiffswracks weiterbetrieben. Aus einer 1991/92 geschlossenen Kooperation zwischen dem Wikingerschiffsmuseum und dem Institut für Maritime Archäologie im Nationalmuseum – beide arbeiten in Roskilde – ging nach Beschluss der Nationalen Forschungs-Stiftung Dänemarks und einer Geldzuweisung für fünf Jahre das *Zentrum für Maritime Archäologie in Roskilde* hervor. Dieses begann am 1. September 1993 mit der Arbeit. Im Jahr 1998 wurden für noch einmal fünf Jahre ausreichende Geldzuwendungen genehmigt.

Zum Direktor wurde Ole Crumlin-Pedersen berufen. Bereits als Schiffbau-Student hatte er das National Museum in Kopenhagen auf Schiffsfragmente im Roskilde Fjord aufmerksam gemacht. Diese Stelle bei dem Dorf Skuldelev hieß dort KÖNIGIN MARGRETES SCHIFF. Ein Kielschwein und einen Auflanger hatten Fischer geborgen; beide Teile gingen in den späten 1940er Jahren verloren. Ole Crumlin-Pedersen wirkte seit Beginn der Ausgrabungen mit und konnte als Ingenieur viele technische Probleme lösen. Von 1968 bis 1985 war er Direktor des Wikingerschiffsmuseums, um nach sicher schwierigen Vorbereitungen 1993 das *Zentrum für Maritime Archäologie* zu gründen, das er bis zum Jahr 2000 leitete. Als das Zentrum nach zehn Jahren im Jahr 2003 geschlossen wurde, setzte er rastlos seine Arbeit fort. Er schrieb zahlreiche Monografien und Bücher. Während der, wie Crumlin-Pedersen sie nannte, *zehn goldenen Jahre für die Maritime Archäologie* wurden an seinem Zentrum zwölf Dissertationen geschrieben und von den Doktoranden an verschiedenen Universitäten erfolgreich verteidigt. Die Forschungen in Roskilde waren dabei nicht auf die Skuldelev-Fahrzeuge begrenzt. Es wurde auch zum Bau von Booten der Eisenzeit und Schiffen des frühen Mittelalters in Skandinavien viel Neues aufgezeigt. Auch die Rekonstruktion zum Nachbau des Ralswieker Bootes wurde von Roskilde richtungsweisend unterstützt.

Die Entwicklung in Roskilde ging erfolgreich weiter. Bereits 1996/97 hatten die Arbeiten an einem Museumshafen und zusätzlichen Gebäuden begonnen. Durch Baggern sollte eine Insel neben dem Museumsgebäude entstehen. Beim Aushub stieß man auf insgesamt neun größere und kleinere Wracks aus dem

Ole Crumlin-Pedersen (1935–2011)

Zeitraum von 1025 bis nach 1336. Unter diesen Funden war das Roskilde-Wrack 6 mit einem 31 m langen Kiel besonders groß.

Die Museums-Insel und der Museums-Hafen bilden zusammen mit dem Wikingerschiffsmuseum eine attraktive, von Erwachsenen und Schulklassen vielbesuchte Stätte.

Zu den Arbeiten im Zentrum für *Maritime Archäologie* zählte auch die Entwicklung eines Verfahrens für die Rekonstruktion von Wrackfunden. Es wurde davon ausgegangen, dass bei einer geklinkerten Außenhaut, die für alle Wikingerfahrzeuge typisch war, aus den einzelnen Nietenlöchern die geometrische Zuordnung benachbarter Planken hervorgeht. Basis für diese Art der Rekonstruktion waren genaue Zeichnungen der Planken mit den in ihnen befindlichen Löchern für Nieten und Holzdübel. Geborgene, noch nasse und nicht konservierte Planken wurden mit einer Zeichenfolie abgedeckt, auf die man die Plankenkontur und die Löcher einzeichnete. Diese Plankenzeichnungen digitalisierte ein Scanner und ein PC verkleinerte sie, so dass die Planken auf Papier beispielsweise im Maßstab 1:10 ausgedruckt wurden. Dieses Papier wurde auf starkes Kartonpapier geklebt, dessen Dicke ebenfalls der auf etwa einem Zehntel reduzierten Plankendicke entsprach. Ebenso verfuhr man mit den geborgenen Spanten, die sich beim langen Liegen in Erde oder unter Wasser nicht verformen. Alle ausgeschnittenen Stücke wurden auf einer kleinen Helling mit Stecknadeln zusammengefügt. – Was so einfach klingt, erforderte viel Geschick und zahlreiche kleinere Änderungen, bis auch die im gleichen Maßstab ausgedruckten, auf Sperrholz geklebten Spanten, in die Schale der Außenhaut hineinpassten. Dabei mussten die Bohrungen für die Holznägel, die einst Spanten und Außenhaut miteinander

Die Bootsbauer Hanus Jennsen und Thomas Finerup und der Schiffsrekonstrukteur Eric Andersen (Bildmitte) fügten Kartonstücke auf der kleinen Helling zum Modellrumpf des Ralswieker Bootes zusammen. Andersen entwarf auch die Takelage für dieses Boot.

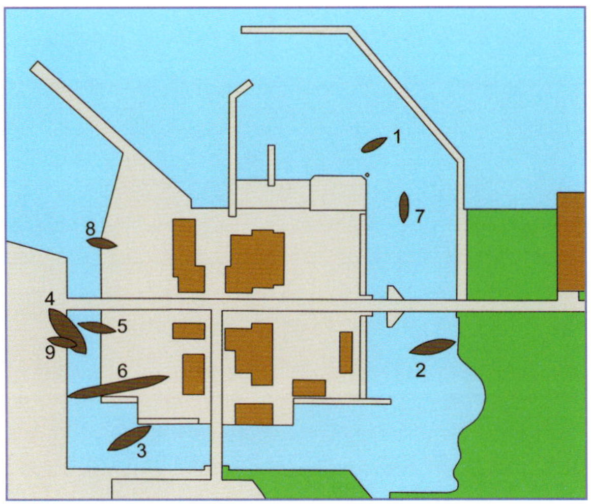

Museums-Insel in Roskilde mit Liegeplätzen und Gebäuden

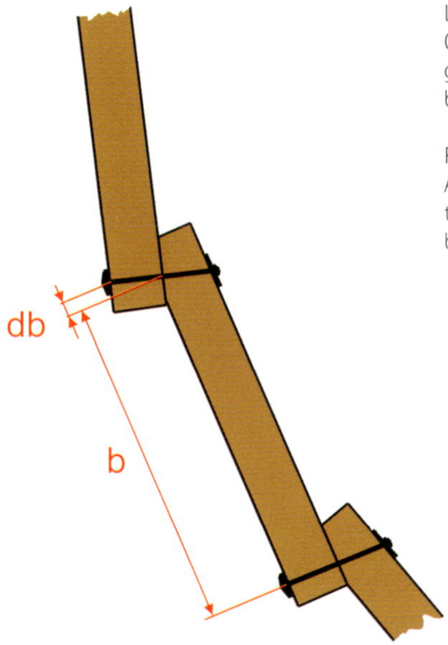

Links: Wenn die Plankenstücke nur mit einer Oberfläche erfasst werden, können schräg eingeschlagene Schiffsnieten zu kleinen Fehlern bei der Rekonstruktion führen.

Rechts: Beim Ralswieker Boot ergab erst die Arbeit mit dem Kartonmodell die wahre Kontur (unten), die sich vom Ergebnis am Zeichenbrett deutlich unterschied.

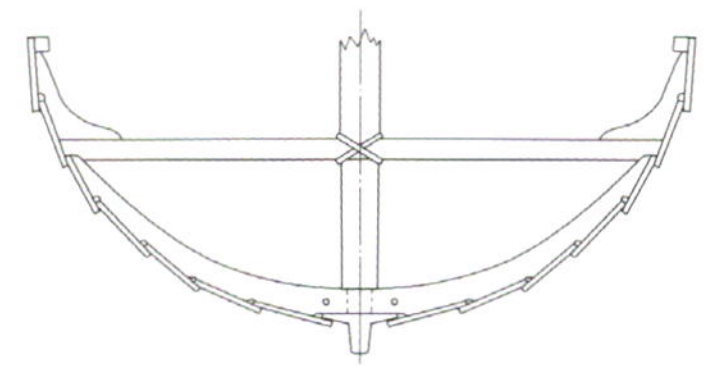

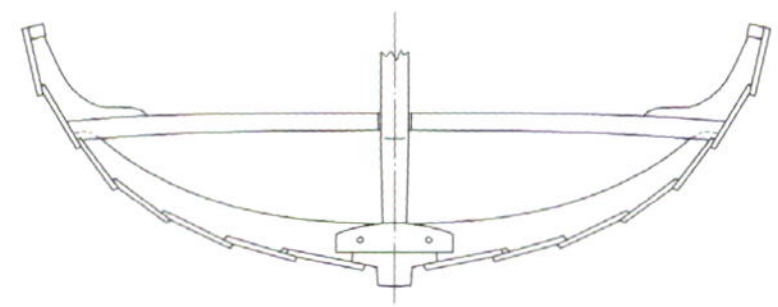

verbanden, zueinander passen. Die zeichnerische Rekonstruktion des slawischen Bootswracks von Ralswiek erfuhr deutliche Änderungen, als mit dem *Kartonmodell* nach mehrmaligem Zusammenstecken eine Form gefunden wurde, in die dann auch die Spanten hineinpassten. Dabei stellte sich heraus, dass die Plankengänge nicht so gleichmäßig strakend verliefen, wie wir es im heutigen Bootsbau als üblich ansehen.

Die Rekonstruktion in kleinem Maßstab auf einer Helling in einem Büroraum wurde auch auf Funde ausgedehnt, bei denen nur noch die eisernen Nieten erhalten waren. Beispiel dafür war die Rekonstruktion des Ladbyschiffes, die in einem eigenen Kapitel zu diesem Schiff beschrieben wird.

Die Arbeit mit der Kartonhelling offenbarte viele Einzelheiten, beispielsweise für die am Ende der Wikingerzeit aufkommenden Frachtfahrer, die nur noch segelnd reisten. Um bei seitlichem oder bei noch mehr von vorne kommendem Wind ohne zu große Querdrift gut zu segeln, musste der Schiffsrumpf quer zur Fahrtrichtung einen hohen Widerstand im Wasser entwickeln. Auf der Modellhelling zeigte sich für die große Skuldelev-Knorre ein steiler gestellter Plankengang. Das erhöhte den Querwiderstand im Wasser ähnlich wie die Kahnplanke bei den Fischer-Ewern an der Elbe. Zusätzliche Elemente zur Minderung der Seitendrift – etwa Seitenschwerter – waren den Wikingern unbekannt.

Das Skuldelev-Wrack 6 besaß ebenfalls einen steiler gesetzten Plankengang.

Auch zu den Rahsegeln der Wikingerschiffe entwickelte das Maritime Archäologische Zentrum Roskilde Grundlegendes. Dort arbeiteten die Brüder Erik und

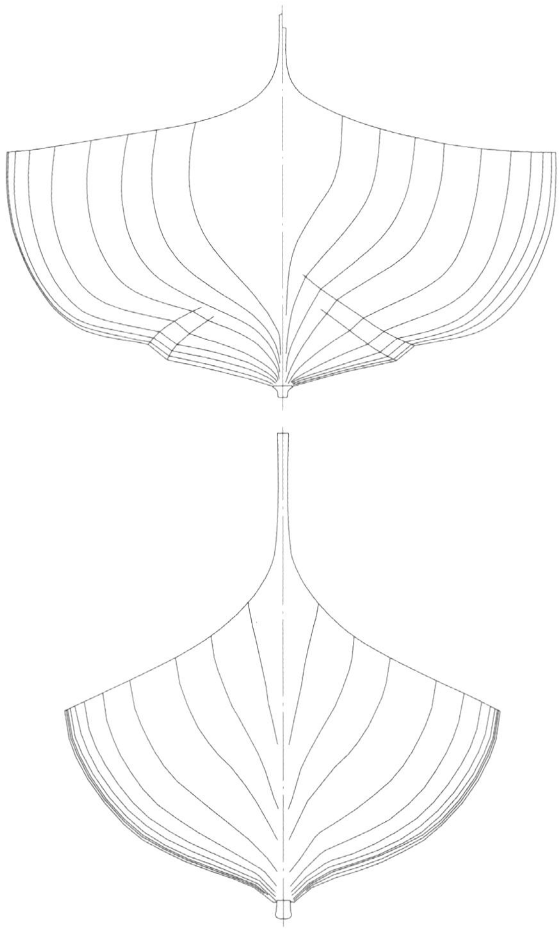

Mit dem Kartonmodell wurden konstruktive Einzelheiten der Rumpfform aufgedeckt: Skuldelev 1 und darunter Skuldelev 2.

Bent Andersen, oft in Verbindung mit Spezialisten aus Norwegen.

Der Mast, der bei den segelnden Wikingerfahrzeugen im Rumpf kurz vor der Schiffsmitte stand, war für ein Rahsegel typisch. Nur solche Segel zeigen die Bildsteine, von denen besonders viele in Gotland erhalten blieben. Um den einteiligen Mast abzustützen, waren Vorstag und beidseitig mindestens ein Wantenpaar üblich. Manchmal kam ein Backstag hinzu. Das Spannen von Stagen und Wanten erfolgte relativ einfach. Entweder war es ein Element, wie es zum Gokstadschiff gehörte, an dem Wanten und Stage zu belegen waren, oder es wurde ein längeres Holzstück mit einer Bohrung – Wantnadel genannt – angewendet, die eine jederzeit leicht zu lösende und schnell zu verstellende Verbindung zwischen Rumpf und stehendem Gut ergab.

Bei den archäologischen Grabungen fand man keine verwertbaren Reste von Segeln aus der Wikingerzeit. Aber Rahsegel aus Wolle kannte und nutzte man noch im 20. Jahrhundert auf Island, den Inseln Faröer, Hebriden und Shetland sowie in Norwegen, Schweden und Finnland. Die Erfahrungen mit diesen Segeln übertrug man auf die Wikingerfahrzeuge. Und doch war es ein Wagnis, das 90 m² große Rahsegel für den Nachbau von Skuldelev-Wrack 1 aus 14 Bahnen zu nähen. Das Segel verhielt sich aber zur vollen Zufriedenheit.

In der Wikingerzeit benutzte man kleine, senkrecht stehende Webstühle, auf denen auch nur kurze Tuchstücke aus mit der Hand gesponnenen Fäden entstanden. Gefundene Reste der damaligen Bekleidung waren aus ungleichmäßig gesponnenen Wollfäden gefertigt. Das bedeutete, auch bei einem Segel unterschied sich die Qualität der einzelnen Tuchstücke. Die rechteckigen Stücke ergaben Segel mit parallel zur Rah und Seitenliek verlaufenden Nähten und einem Rechteckmuster.

Anders gestaltete Rahsegel mit einem diagonalen Muster zeigen einige Bildsteine aus Gotland. Von 14 Fahrzeugen mit einem Rahsegel, die E. Nylen abbildete, haben 10 solch ein Diagonalmuster. In diesen Schiffen

Wantnadel für Wanten und Stage

befinden sich 6 bis 13 Männer – eine Ausnahme sind die zwei Männer in einem kleinen Boot. Rahsegel mit dem Rechteckmuster haben die mit 4 bis 6 Personen besetzten Fahrzeuge auf drei Steinen. Ein Stein zeigt ein Rahsegel ohne Muster. Sind die Segel mit Rechteckmuster für kleinere Fahrzeuge typisch? Soll das diagonale Muster der Segel aufgenähte Schmuckbänder wiedergeben? Oder ist es Tauwerk, das die größeren Segel möglicherweise verstärkte? Heutige Nachbauten führen Segel, die aus senkrecht zusammengenähten, langen Tuchbahnen bestehen.

Besonders einflussreiche Wikinger ließen ihr Segel färben. Für Rot, Gelb, Blaugrün wurden Pflanzen wie Gelbkraut oder Färberwaid verwendet.

Tauwerk fertigte man damals auch aus dem Bast von Linden, aus Leinenfasern und dem Haar von Pferdeschweifen, das sich bei laufendem Gut trocken wie nass gut anfasst, in nassem Zustand aber eine starke Längenänderung aufweist. Heute übliche Knoten waren bereits bekannt.

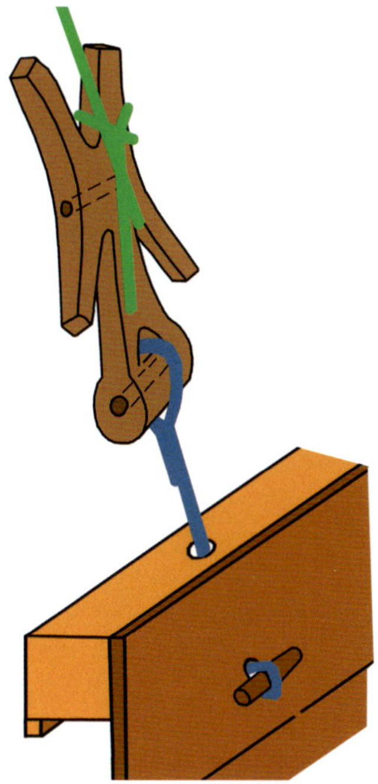

Doppelklampen wurden beim Gokstadschiff gefunden. Mit ihnen ließen sich Wanten und Stage am Rumpf festmachen.

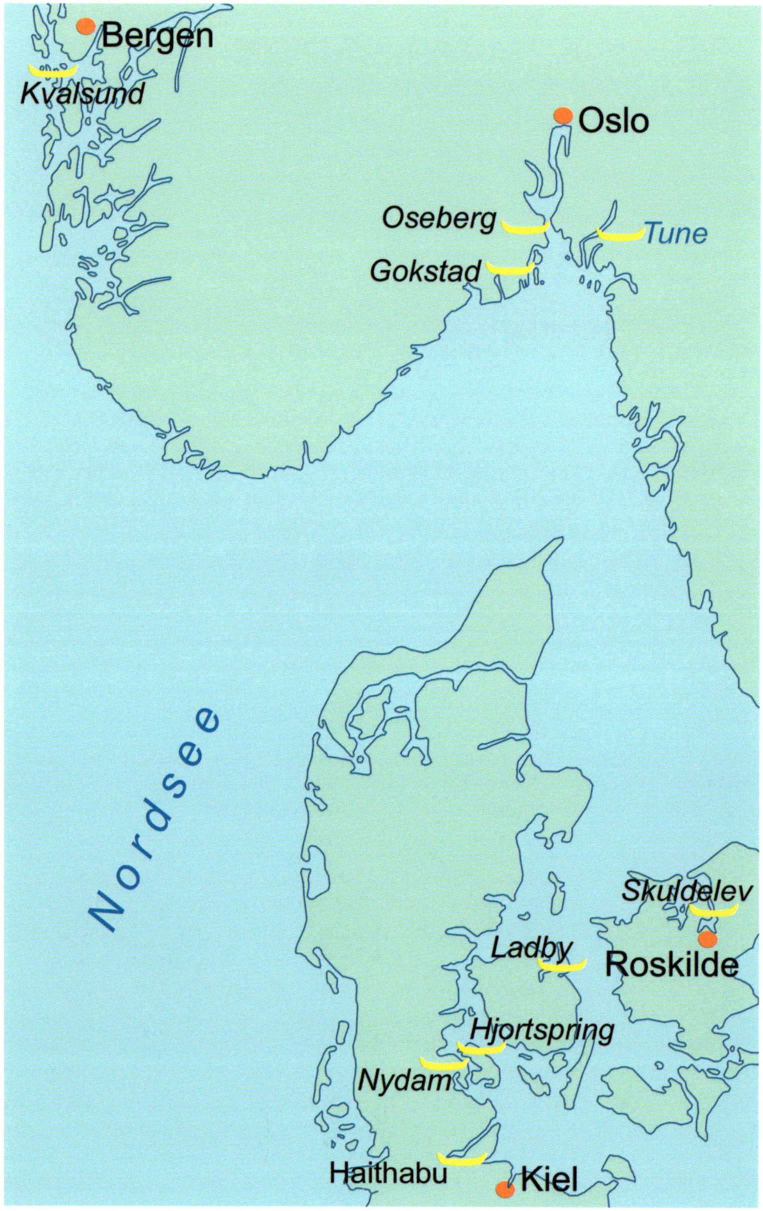

Fundstellen von Wracks aus der Wikingerzeit und früher

Schiffe der Wikinger

Osebergschiff – eine frühe Karv

Fund
Bauort: Norwegen
Fundort: Oseberg, Westfold am Oslofjord
Fundjahr: 1904
Baujahr: um 820
Erhaltungsgrad: 90 Prozent
Ausstellungsort: Wikingerschiffsmuseum Oslo-Bygdøy

Originalgetreuer Nachbau
Name: Saga Oseberg
Ort des Nachbaus: Tønsberg, Norwegen
gebaut von: Stiftelsen Nytt Osebergship
Nachbauzeit: 2011/12
Gewicht einschließlich Takelage: 9 t
Ballast: 4 t

Abmessungen
Rekonstruktion: Linienriss für letzte Überarbeitung von V. Bischoff
Länge ü.a.: 21,5 m
max. Breite: 5,2 m
Seitenhöhe mittschiffs: 1,57 m
Vortrieb: segeln und rudern
Steuern mit: Seitenruder steuerbords
Masthöhe: 12,35 m
Segelfläche: 80 m²
Ruderplätze: 30
Besatzungszahl: bis zu 45 Personen

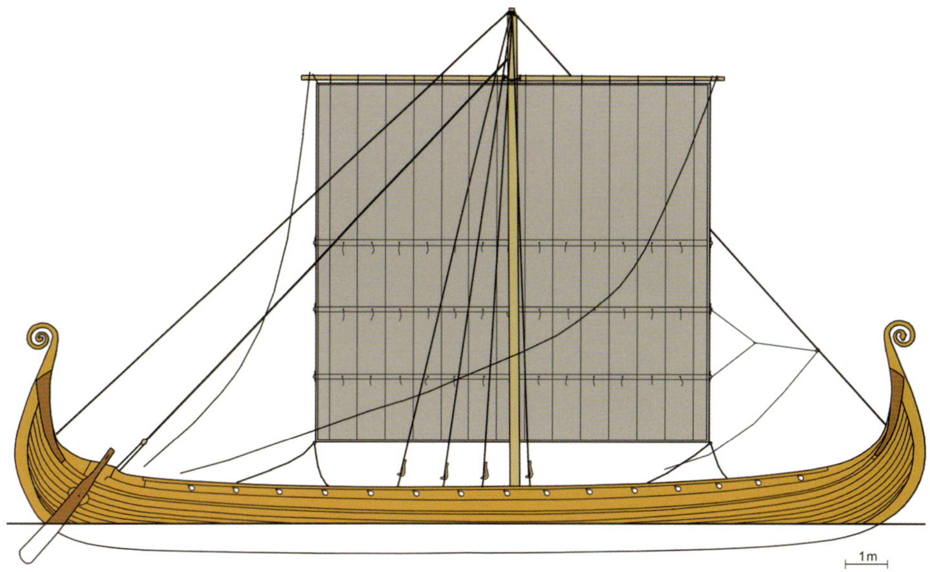

Seitenansicht Osebergschiff

Freigelegtes Wrack im Grabhügel bei Oseberg (nach Brøgger 1917)

Am 8. August 1903 kam der Pächter eines Bauernhofes aus Oseberg zu G. Gustafson, der an der Universität Oslo Vorlesungen für Vorgeschichte hielt und das Museum für Vorgeschichte leitete. Gustafson hörte den Bericht des Pächters über einen großen Hügel auf dem Oseberghof und ein sicher sehr altes Schiff, auf das man beim Graben gestoßen sei. Noch im gleichen Jahr vorgenommene Probegrabungen bestätigten diese Angaben. Im Juni 1904 begannen die Ausgrabungen, die bis in den Spätherbst hinein dauerten. Es war eine schwere Arbeit, weil der oben mit Ton und Grassoden bedeckte Hügel in seinem Kern ein großer Steinhaufen war, dessen Gewicht den Fund nach unten gedrückt hatte, der dadurch in kleine Stücke zerfiel. Die letzte Planke wurde am 5. November gerade noch rechtzeitig geborgen: Drei Tage später fiel der erste Schnee.

Wie das Schiff waren Wagen, Schlitten, Küchengeräte, Kleidungsreste und vieles andere mehr relativ gut erhalten, weil die Tonschicht hermetisch abgedichtet hatte. Die Ausgräber stießen auf eine in das Schiff eingebaute, mit einem Stickteppich geschmückte Grabkammer. Dort lagen in zwei Betten die Skelette von zwei Frauen. Eins wurde lange Zeit einer etwa 50 Jahre alten Frau zugeordnet, die den Sagas nach Königin Aasa sein sollte. Jedoch ermittelten Pathologen kürzlich ein Alter von 80 Jahren und folgerten aus krankhaften Veränderungen der Schädelknochen eine gewisse Verwirrtheit, welche die Wikinger als Brücke zur Götterwelt gesehen hatten. Die Frau erhielt wahrscheinlich als einst verehrte Priesterin das prächtige Grab. Eine zweite, wesentlich jüngere Frau hatte man als treue Begleiterin mit in den Tod geschickt.

Deutlich zu erkennen waren die Spuren von Räubern, die den Grabhügel einige Zeit vor der Ausgrabung geplündert und dabei die Schiffsmitte intensiv durchsucht hatten. Das Schiff war bei der Bestattung sowohl für die Seefahrt als auch mit Gegenständen ausgerüstet worden, die zu einem von Frauen bestimmten Haushalt gehörten.

Schiff, Wagen, Schlitten und Bettgestelle waren mit Schnitzwerk kunstvoll verziert.

Nach der abgeschlossenen Grabung entstanden ernsthafte Schwierigkeiten. Das Schiff gehörte nach norwegischem Recht dem Eigentümer des Oseberghofes. Der forderte einen hohen Preis, der weit über den finanziellen Möglichkeiten des Museums lag. Um den angekündigten Verkauf ins Ausland zu unterbinden, beschloss das Parlament ein Ausfuhrverbot für Altertümer. Schließlich kaufte ein benachbarter, einflussreicher Gutsbesitzer das Osebergschiff und schenkte es dem Museum, *so wie es da liegt.* – Unter schiffbaulicher Anleitung von F. Johannessen begann die komplizierte Restaurierung des Schiffes, das seit der Ausgrabung in einer Scheune lag. Es wurde in einem Gebäude im Universitätsgarten provisorisch aufgebaut, stand dort einige Jahre und kam 1926 in das Wikingerschiffsmuseum auf Bygdø bei Oslo.

Etwa 90 Prozent des ausgestellten Schiffes bestehen aus dem ursprünglichen Holz. Die oberen Bereiche von Vor- und Achtersteven, die der Grabhügel nur wenig abgedeckt hatte, waren vergangen und mussten nachgebaut werden. In der Nähe vom Vorsteven wur-

Der teilweise vergangene Bugbereich des Osebergschiffs mit Prof. Gustavson, den ein Balken teilweise verdeckt (nach Brøgger 1917)

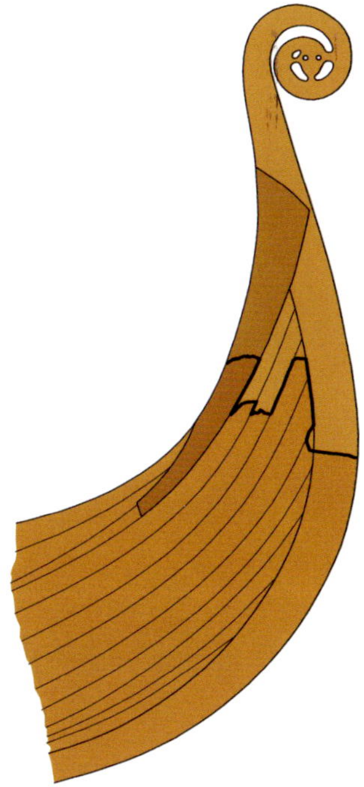

Die dunkle Linie begrenzt den Bereich des erhaltenen Schiffs. Das Drachengesicht zeichnete F. Johannnessen nach Fundstücken.

den bei der Ausgrabung Teile von einem Drachenkopf gefunden, die bei der Rekonstruktion beachtet wurden. Das Osebergschiff hatte 15 Ruderabteilungen. Einige Stellen wiesen deutliche Spuren von Abnutzung auf. Das Schiff hatte aber möglicherweise vor der Bestattung um das Jahr 834 eine längere Zeit unbenutzt umhergestanden. Darauf deuten die Riemen und wahrscheinlich auch das Ruder, die man für die Bestattung eilig und ohne Sorgfalt angefertigt hatte. An Bord lagen einige Gegenstände für die Seefahrt. Außerdem wurden eine Laufplanke, um vom Schiff an Land zu kommen, ein Wasserfass mit Schöpfgefäß sowie eine eiserne Bratpfanne, ein 35 bis 40 l fassender Kessel, der aus zwei zusammengenieteten Eisenblechen bestand, und ein Gestell aus drei Eisenstangen, um den Kessel an Land über einem Feuer aufzuhängen, gefunden.

Der aus Eichenholz gefertigte Rumpf hatte auf jeder Seite zwölf Plankengänge. Die 3 bis 3,5 cm dicken Planken waren zwischen 24 und 34 cm breit. Der massive Plankengang Nummer 10 war so geformt, dass der sich anschließende Gang 11 fast senkrecht stand. Die Gänge 11 und 12 bestanden aus 3,8 cm dicken Planken. Auf dem Bordgang war außen eine etwa 8 cm breite

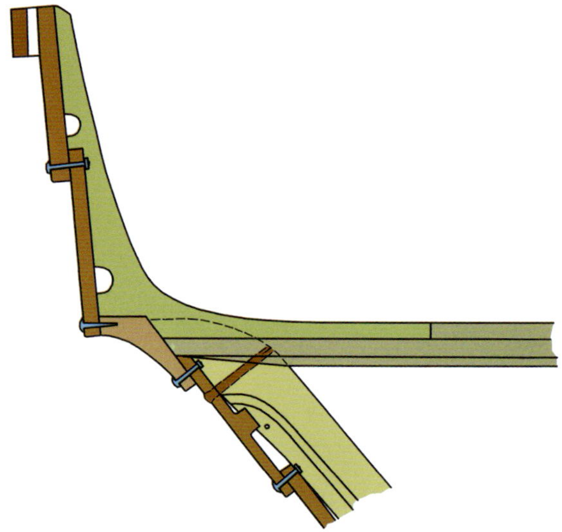

Der Rumpfbereich mit der besonders gestalteten Hauptplanke

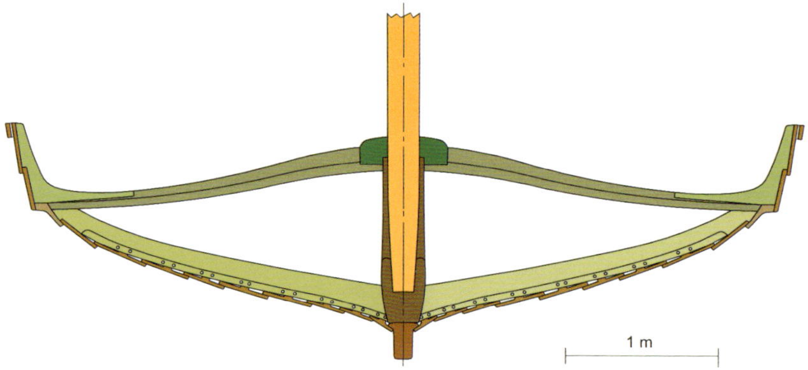

Hauptspant Osebergschiff

Bei Saga Oseberg ausgeführte Bindung zwischen Klampe der Planke und Spant (Foto: Karl Ragnar Gjertsen)

Leiste aus Föhrenholz mit einem Abstand von 2 cm zur Planke befestigt. Sie diente zum Einstecken von Schilden, wie es die Bildsteine zeigen. Bis auf die oberen Plankengänge, die mit Holznägeln an die Spanten bzw. Knie der Decksbalken befestigt waren, hatten die Planken speziell geformte Klampen, um sie an die sorgfältig bearbeiteten Spanten zu binden. Der hier wiedergegebene Spant wurde besonders ausgeführt. Er erhielt einen nach oben gewölbten Querbalken, der den Mast zusätzlich stützte. Alle anderen Spanten hatten gerade Querbalken, auf denen die Decksplanken lose auflagen. Der Mast ließ sich von der Besatzung auf See aufrichten und auch niederlegen. Das Kielschwein und die gebrochen aufgefundene Mastfischung waren deutlich schwächer ausgeführt als beim Gokstadschiff. In jeden Bordgang hatte man je 15 Riemenpforten mit 9 bis 11 cm Durchmesser geschnitten. Diese runden Öffnungen hatten einen Schrägschlitz zum Durchstecken der Riemen vom Bootsinneren, wenn zu rudern war. Die auf dem Wrack gefundenen, damals neuen Riemen waren 3,7 bis 4,0 m lang, aber für das Schiff wahrscheinlich zu kurz.

Im norwegischen Ort Tønsberg wurde über mehrere Jahre hinweg ein Nachbau sorgfältig vorbereitet, um die erste verunglückte Replik Oseberg zu ersetzen. Man gründete die Vereinigung *Stiftelsen Nytt Osebergship* und war sich einig, nicht nur den im Museum Oslo-Bygdø ausgestellten Zusammenbau als Vorlage zu nutzen. Die ursprüngliche Rumpfform war zu ermitteln. Anregung dafür gaben die überzeugenden Ergebnisse mit dem Roskilder Kartonmodell. In einem halbjährigen,

Das gerade erst aufgestellte Schiff ohne die Ergänzungen an den Steven (Foto: Fircks-Bildarchiv)

Der Nachbau Dronningen sank 1987 nach dem Stapellauf. Wieder hergestellt und danach Oseberg heißend, geriet das Schiff am 3. Mai 1992 auf dem Mittelmeer vor Sevillia in einen schweren Sturm mit 12 m hohen, sich brechenden Wellen. Um 8.30 Uhr sank das Schiff, *zerstört zu Brennholz*, wie es im Havarie-Bericht heißt. In der Nähe fahrend, rettete Saga Siglar die fünf Besatzungsmitglieder. Dabei kam umherschwimmendes Tauwerk in den Propeller. Gegen 11 Uhr überschwemmten Brecher das offene Schiff, Wasser kam in den Motor, die Pumpe arbeitete nicht mehr und das Schiff sank. Beide Besatzungen wurden gerettet.

Einen weiteren Nachbau stellten Bootsbauer in Riga im Jahr 2009 fertig. Das Schiff AASA erhielt einen Liegeplatz im Hafen der norwegischen Stadt Sandefjord. Weil man auf einen Motor verzichtete, hilft mitunter ein kleines, aus Holz gebautes Motorboot beim Manövrieren.

Osebergschiff im Vikingshipsmuseum Oslo-Bygdøy (Foto: Museum of Cultural History, University of Oslo)

im März 2007 erfolgreich abgeschlossenen Scanprojekt wurde jedes einzelne Plankenstück im Maßstab 1:1 vermessen und aufgezeichnet. Man benutzte auch ein flaches Messblech und konnte damit die Bohrung von jedem Schiffsnagel in der Lahnung erfassen und in die jeweilige Plankenzeichnung eintragen. Beim Zusammenstecken des Kartonmodells zeigte sich, dass der Kiel einst deutlich stärker gebogen war, als man beim Aufbau nach der Ausgrabung 1903 angenommen hatte. Die ausgeprägte Kielbiegung führte zu einem im Vorschiff breiteren Rumpf. Im Jahr 2008 wurde ein Modell im Schleppkanal Trondheim mit guten Ergebnissen geprüft. Das bestärkte die Ansicht, das reich geschmückte Osebergschiff sei nicht nur ein Kultfahrzeug, sondern auch für Fahrten auf der Nordsee geeignet gewesen.

Der Kiel für den Nachbau in Tønsberg wurde aus dem Stamm einer 150 Jahre alten Eiche aus Norwegen gearbeitet. Für die Planken kaufte man Eichenstämme in Dänemark. Die Bearbeitung des Holzes erfolgte althergebracht ohne Säge. Das Tuch für das Rahsegel wurde in Tønsberg wie einst aus Wolle gewebt.

Der Kiel wurde am 31. Januar 2011 auf die Helling gelegt. Im Oktober 2011 war der 7. Plankengang gesetzt. Nach nicht ganz anderthalb Jahren Bauzeit erfolgte am 20. Juni 2012 der Stapellauf, zu dem der norwegische König und viel Publikum kamen. Das Schiff erhielt den Namen SAGA OSEBERG. Dann begann die Arbeit, es segelklar zu bekommen, zu erproben und mit ihm auf Fahrt zu gehen.

Wie das Original ziert Schnitzwerk den Bug von SAGA OSEBERG (Foto: Karl Ragnar Gjertsen).

Gokstadschiff – ein hochseetaugliches Fahrzeug

Fund
Bauort: Norwegen
Fundort: Gokstad, Westfold am Oslo Fjord
Fundjahr: 1880
Baujahr: um 895–900
Erhaltungsgrad: 60 bis 70 Prozent
Ausstellungsort: Wikingerschiffsmuseum Oslo-Bygdøy

Originalgetreuer Nachbau
Name: GAIA
Ort des Nachbaus: Bjørkedalen
gebaut von: Bootswerft Bjørkedal
Nachbauzeit: Winter 1989/90
max. Fahrt: segelnd 12,5 kn, gerudert 1,5 kn
Gewicht: 7 t
Ballast: 4 bis 5 t

Abmessungen
Rekonstruktion: W. Dammann/1983
Länge ü.a.: 23,24 m
max. Breite: 5,2 m
Seitenhöhe mittschiffs: 2,02 m
Vortrieb: segeln und rudern
Steuern mit Seitenruder steuerbords
Masthöhe: 13 m
Segelfläche: 87 m²
Ruderplätze: 32
Besatzungszahl: bis zu 45 Personen

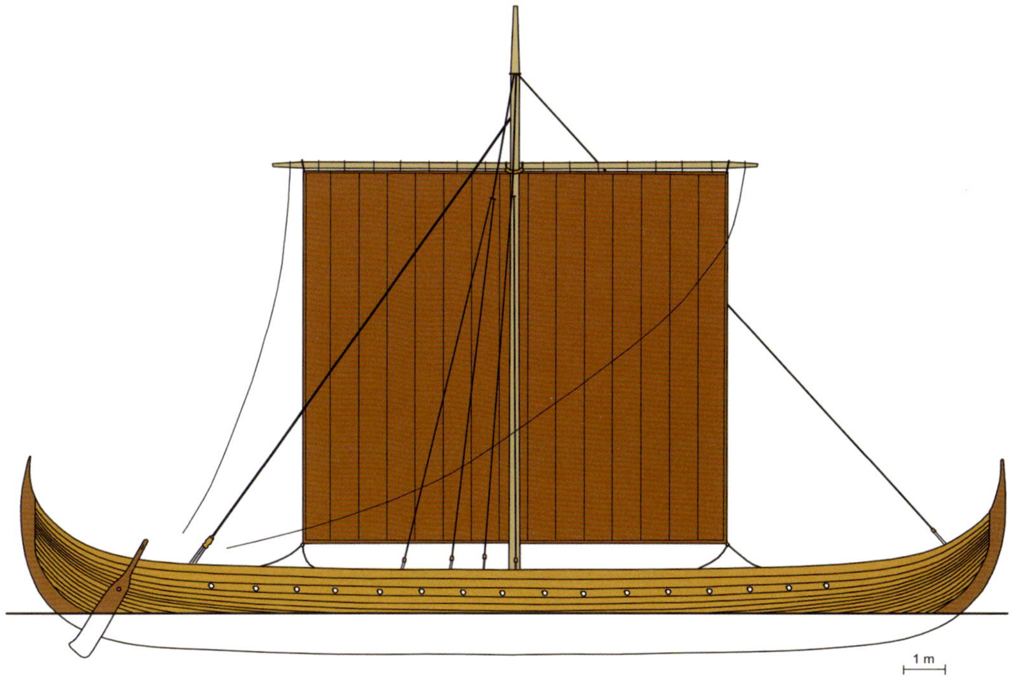

Seitenansicht des Gokstadschiffs

Dieses Fahrzeug hat unter den entdeckten Wikingerschiffen einen besonders hohen Stellenwert, weil seine Masthalterung Vorbild für weniger gut erhaltene Fahrzeuge aus der späten Wikingerzeit wurde. Außerdem ist das Gokstadschiff Vorlage für eine große Zahl von Nachbauten, deren Abmessungen von den Maßen des Originals bis hinab zur halben Größe reichen.

Die neue Geschichte des Gokstadschiffes und seiner Boote begann im Winter 1880. Damals erfuhr N. Nicolaysen, Archivar im Osloer Museum, von einem Kaufmann, dass zwei Söhne eines Bauern im Grabhügel in Gokstad Historisches gefunden hätten. Nicolaysen hatte bereits 1850 am oberen Oslofjord bei Borre die Reste von einem 15 m langen Boot mit klinker gesetzten Planken aus einem Grabhügel geborgen, der zur Kiesgewinnung abgetragen wurde. Und er wirkte unter Prof. Rygh mit, als in Tune 1865 ein wikingerzeitliches Schiffsgrab untersucht wurde. Der erhalten gebliebene Kielbereich des Tuneschiffs bekam später einen Platz im Wikingerschiffsmuseum Bygdøy bei Oslo.

Vom Tuneschiff war nur der untere Bereich mit Planken, Spanten, Kielschwein und Mastfischung erhalten. Eisennieten hielten die klinker gesetzten Planken zusammen, die wie bei den Schiffsfunden aus Gokstad und Oseberg Klampen zum Anbinden der Spanten hatten. Es war mit geschätzten 18 m Länge kleiner als das zeitgleich gebaute Gokstadschiff. Seine Rumpfform könnte dem Osebergschiff ähneln.

In Gokstad begann Nicolaysen bereits im Mai 1880 die Ausgrabung. Der Grabhügel mit 50 m Durchmesser war trotz Pflügens noch 4 m hoch. Ihn hatten Grabräuber lange Zeit vorher heimgesucht. Die Ausgrabungen in Gokstad kamen gut voran, weil über zwei Monate kein Regen fiel. Man fand die Skelette von einem Mann, zwölf Pferden und sechs Hunden. Das Schiff selbst stand im lehmigen Boden in einer tiefen Grube. Starke Balken stützten das Schiff. Blauer, wasserundurchlässiger Ton deckte es von außen ab und füllte auch seinen Innenraum. Das trug zum guten Erhalt des Schiffes bei. Nur die Steven vorn und achtern sowie der Mast ragten bereits aus dem Ton heraus und waren vergangen. Für das Begräbnis hatten die Wikinger in das Schiff eine zeltartig aus frisch gefällten Stämmen gezimmerte Grabkammer eingebaut. Dort

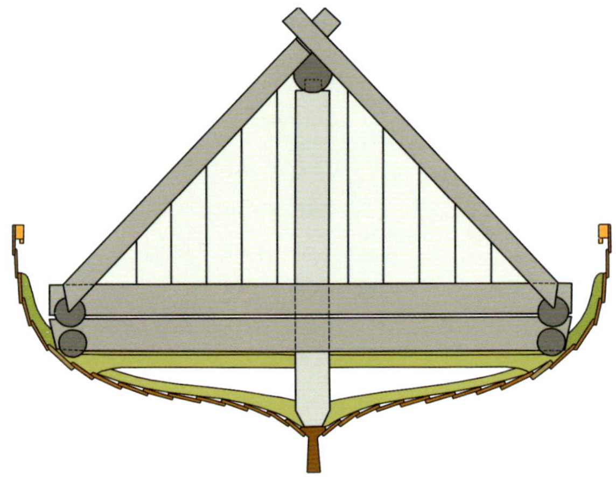

Aus Baumstämmen gezimmerte Grabkammer für das Gokstadschiff

fanden Nicolaysen und seine Männer das Skelett eines etwa 60-jährigen, fast 1,8 m langen Mannes, den Gicht in seinen letzten Lebensjahren teilweise gelähmt hatte.

Das Schiff selbst war wie für eine große Fahrt mit Segel, Riemen und Anker ausgerüstet. Tauwerk und Segel fanden Nicolaysen und seine Helfer in einem Zustand, der damals eine Untersuchung und Konservierung ausschloss. Eine über 7 m lange Laufplanke, um beim Liegen am Ufer trockenen Fußes an Land zu gelangen, ein Zelt, von dem das reich mit Schnitzwerk verzierte, schwarz-gelb bemalte Gestänge erhalten war, große und kleinere Fässer aus Holz, ein aus zwei Platten zusammengenieteter Kupferkessel, ein eiserner Dreibein-Kessel und anderes Küchengerät gehörten mit zur Ausrüstung. Auf dem Schiffsdeck lagen weiterhin Teile von Booten und einem Schlitten. Ein Bruchstück von einem Spielbrett gehörte ebenfalls zum Fund. Geborgen wurden auch 64 runde Schilde. Sie waren schwarz-gelb angemalt, bestanden aus Holz und hatten etwa einen Meter Durchmesser. Am Bordgang festgemacht, überlappten sich ihre Ränder etwas.

Archivar Nicolaysen ließ das Schiff in zwei Teile zerlegen, diese zum etwa einen Kilometer entfernten Oslofjord transportieren und mit einem Fischkutter nach Oslo bringen. 1929 wurde das Schiff in Bygdøy wieder zusammengefügt. Besonders im Bereich der Steven wurde Fehlendes ergänzt.

1892 ließ Nicolaysen Zeichnungen vom Gokstadschiff drucken. Danach war es 23,8 m lang, 5,20 m breit und mittschiffs von der Unterkante Kiel bis zum Bordgang 2,10 m hoch. Die zuletzt von W. Dammann veröffentlichte Rekonstruktion hat etwas andere Abmessungen. Die Schiffslänge war nun um über einen halben Meter kürzer, weil sich besonders die Bereiche bei den Steven unterscheiden.

Für die Altersbestimmung wurden um 1990 vier Stämme der Grabkammer ausgewählt, weil sie erst für das Begräbniss eines heute unbekannten, lokalen Häuptlings gefällt und in das Schiff eingebaut wurden. Sie ergaben als Datum für die Beisetzung das Jahr 900. Wahrscheinlich war das Gokstadschiff vorher 5 bis 25 Jahre in Gebrauch. Als es im letzten Viertel des 9. Jahrhunderts gebaut wurde, errichtete und festigte Harald Schönhaar seine Herrschaft in Norwegen.

Basis für das Gokstadschiff war ein 17 m langer, T-förmiger Kiel. Er hatte mittschiffs eine Höhe von 37 cm und bestand wie fast alle Teile des Schiffes aus Eiche. Mit senkrechten Schräglaschen und zwei Reihen Eisennieten waren vorn und achtern die mehrteiligen Balkensteven befestigt. Die Außenhaut bestand auf jeder Seite aus insgesamt 16 Plankengängen, die aus bis zu 7 m langen Plankenstücken zusammengefügt worden waren. Die klinker gesetzten Planken wurden von Eisennieten mit rechteckigen Klinkscheiben im Abstand von etwa 18 cm verbunden. Kalfatermaterial war eine dreiduchtig geschlagene, mit Pech getränkte Schnur aus Tierhaaren. Die aus Spaltbohlen gearbeiteten Planken waren oft nur etwa 25 mm dick. Ausnahmen bildeten die Gänge 10 und 14 sowie 15 und 16. Gang 10, bei dem die Spanten und Decksbalken endeten, war mittschiffs 40 mm dick und erreichte bei den Steven die Dicke der übrigen Planken. Diese massive Planke passte gut in den gleichmäßigen Verlauf der Außenkontur.

Der Gang 14 war 35 mm dick. In ihn hatte man die Riemenpforten eingearbeitet, die sich beim Segeln mit Klappen von innen verschließen ließen. Die Planken der Gänge 2 bis 8 besaßen auf ihrer Innenfläche aus dem Plankenholz gearbeitete Klampen. Dort lagen die Spanten an und wurden mit Weidenruten elastisch angebunden. Die Gänge 9 und 10 verbanden Holznägel mit den Spanten. Die Spanten lagen beim Plankengang 9 auf nur wenige Millimeter dicken Klampen. Gang 15 und das Dollbord (Plankengang 16) führte man mit nur

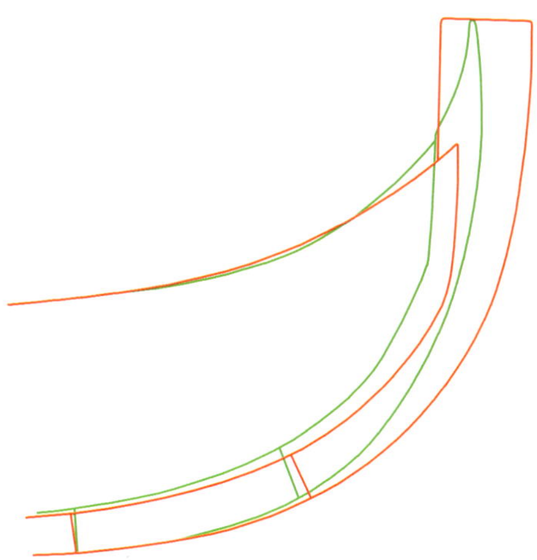

Besonders in den Stevenbereichen unterscheidet sich das Gokstadschiff in den Zeichnungen von N. Nicolaysen (rot) und W. Dammann (grün).

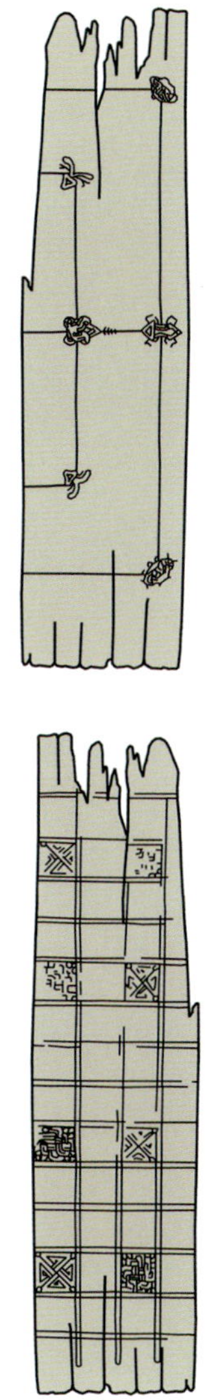

Bruchstück des Spielbretts vom Gokstadschiff. Eine Fläche lässt sich zu einem Mühlespiel ergänzen; dann ergibt sich auf der Gegenseite eine Spielfläche mit 12 x 13 Feldern.

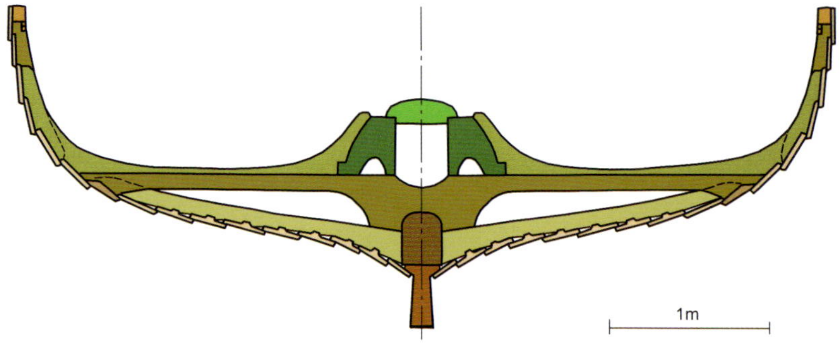

Schnitt durch den Rumpf zwischen Mast und dem Spant dahinter

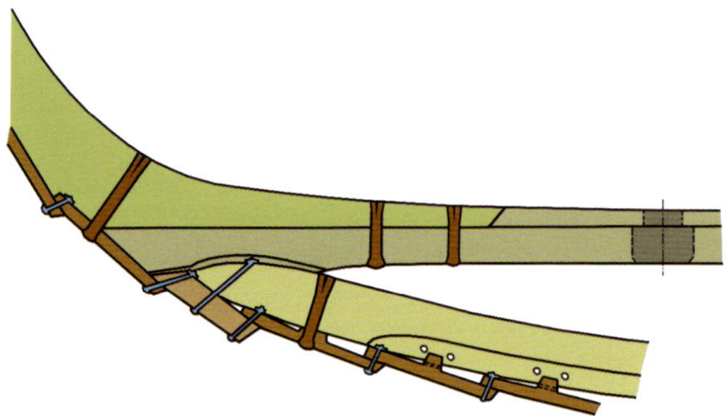

Die massive Hauptplanke – norwegisch *meginhufr* – wurde eingebaut, wo Decksbalken, Spanten und die aufgesetzten Knie zusammentreffen. Der Decksbalken ist dunkelgrün eingezeichnet.

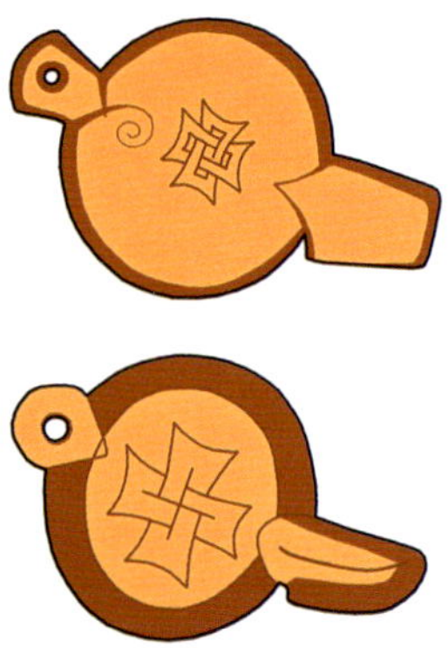

Klappen, mit denen beim Segeln die Riemenpforten verschlossen wurden

16 mm Plankendicke vergleichsweise dünn aus. Das Dollbord erfuhr eine Verstärkung durch einen Längsstringer, gegen den an der Unterkante eine Leiste genagelt worden war. Diese hatte fortlaufend Aussparungen, um beispielsweise die Schilde anbinden zu können.

Der Innenausbau des Rumpfes erfolgte mit Spanten, Querbalken, Auflangern und Knien. Zur Verbesserung der Längsfestigkeit und als sichere Auflage für den Mast gab es ein massives Kielschwein. Die Spanten, gefertigt aus krumm gewachsener Eiche, wurden mit einem Abstand von 0,97 m eingebaut. Die auf den Spantköpfen aufliegenden Decksbalken, Bite genannt, trugen die Knie, die bis zum 14. Plankengang hinaufreichten, und waren außerdem Auflage für das nicht wasserdichte Deck. Auflanger, welche die Gänge 12 bis 16 zusätzlich hielten, wurden neben jedes zweite Knie eingebaut. Bei den Wikingerschiffen aus Gokstad und Oseberg fehlte die später übliche zweite Reihe von Querbalken, welche dann bei den Langschiffen als Ducht für die Ruderer diente. Stattdessen saßen die Männer beim Rudern – so wird vermutet – auf Kisten mit ihrer persönlichen Ausrüstung.

Die Spanten vorn und achtern, die jeweils vor den Steven standen, unterschieden sich von den übrigen Spanten. Der untere Teil war wie ein Schott gearbeitet. Darauf saßen die Knie, die jeweils bis zum obersten Bordgang reichten. Achtern war dieser Spant steuerbords in die Befestigung des Seitenruders einbezogen. Das gefundene Ruder aus Eichenholz überragte den Rumpf nach unten, was die Steuerwirkung verbesserte. Ein konisch geformter Klotz, den die Schiffbauer außen auf die Planken beim Ruderspant genagelt hatten, die Planke darunter und der zusätzlich eingebaute Auflanger waren durchbohrt, um mit einem Tau das Ruder drehbar am Schiff zu befestigen. Für den Schaft des

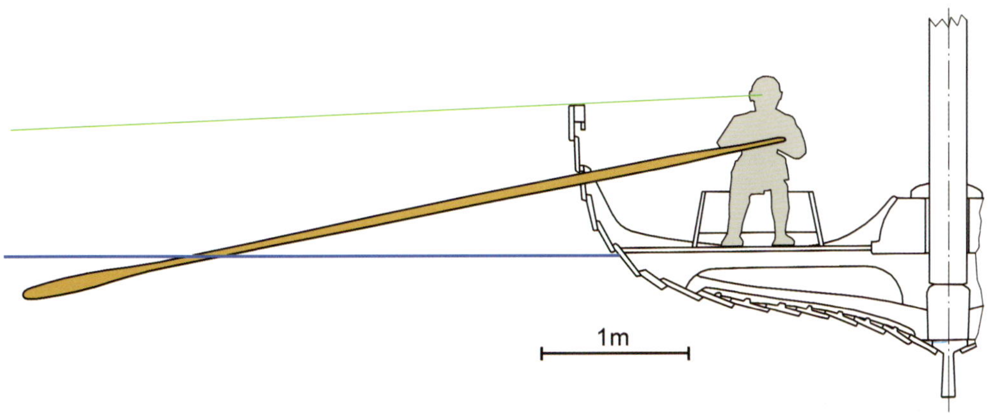

Im Gokstadschiff saßen die Ruderer auf Seekisten und konnten das Blatt ihres Riemens nicht sehen.

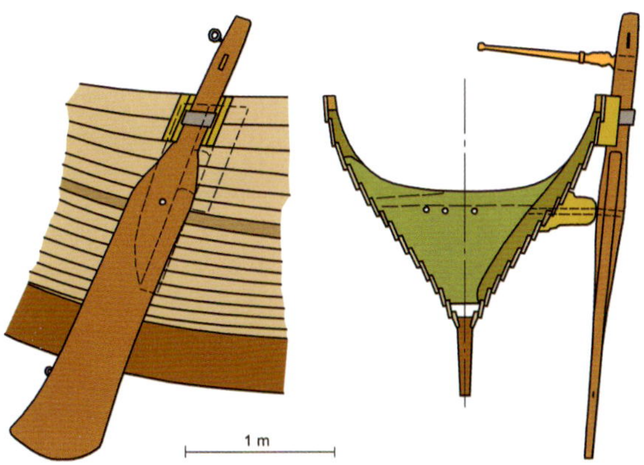

Das 3,3 m lange, fast vollständig erhaltene Ruder mit der Pinne. Die Befestigung am Rumpf mit dem Ruderklotz und der Halterung am Bordgang (beide gelb gefärbt) wurde Vorlage für zahlreiche Nachbauten.

Ruders gab es im Bereich des Bordganges eine Holzführung mit einem Ledergurt. Das erlaubte das Anheben des Ruders, wenn der Ledergurt gelöst wurde. Die Metallöse oben am Ruderschaft wurde benutzt, um mit einer Talje den Fahrtwiderstand des Ruders aufzunehmen. Zum Ruder gehörte die etwa 1 m lange Pinne.

Vom Mast wurden bei der Ausgrabung Fuß und Topp gefunden. Seine Länge musste geschätzt werden. Besondere Beachtung wurde der Masthalterung zuteil, weil diese ein Aufrichten und Niederlegen des Mastes von der Besatzung ohne Hilfsmittel von außen ermöglichte. Die Last des stehenden Mastes trug das Kielschwein, das auf den vier Spanten mittschiffs auflag. Dieses massive Holzstück war so hoch, dass dort die Biten vor und hinter dem Mast auflagen. Oberhalb vom Kielschwein hatte man eine Mastfischung eingebaut, die mit sechs Biten verbunden war. Sie hatte eine längliche Öffnung, deren Breite dem Mastdurchmesser entsprach. Die Öffnung verschloss ein Klotz, der dem aufrechtstehenden Mast nach achtern Halt gab. Vorstag und einige Wanten hielten den Mast an seinem Topp.

Zur Segeleinrichtung gehörten, wie H. Åkerlund zuerst feststellte, steuerbords und backbords jeweils ein massiver Klotz mit zwei kreisrunden Öffnungen. Diese Klötze waren Widerlager für den Halsbaum.

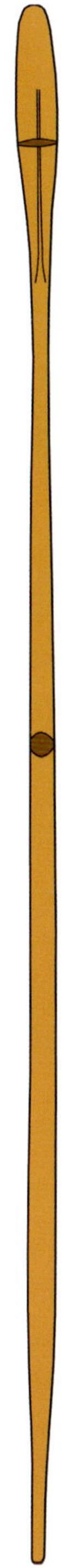

Die Riemen des Gokstadschiffs waren 5,3 bis 5,8 m lang.

Der erste Nachbau vom Gokstadschiff erhielt den Namen VIKING. Eine Gruppe unter Kapitän Magnus Anderson segelte bereits 1892 in nur 40 Tagen über den Atlantik. Nach der Fahrt äußerte Anderson, das Schiff sei *bei alltäglichem Wetter und in härtestem Seegang von einem Mann ohne Beschwer steuerbar.*

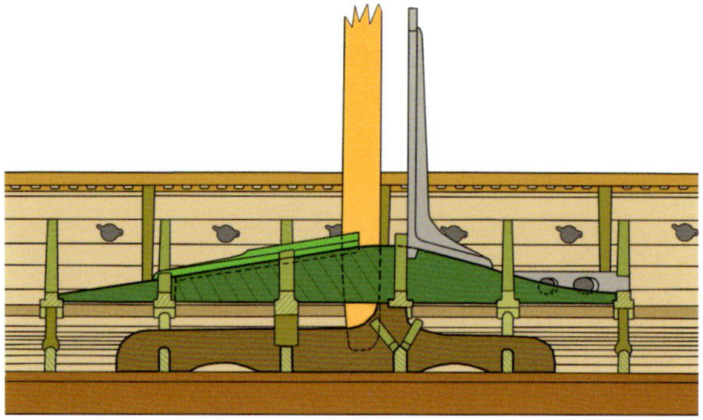

Längsschnitt im Bereich der Masthalterung des Gokstadschiffs mit dem Kielschwein als Mastauflage (dunkelbraun), dem Mast (gelb), der Mastfischung (dunkelgrün) mit Verschlussdeckel und einem von drei Auflagen für Spieren und Rah sowie dem teilweise durch Mastfischung verdeckten Klotz für den Halsbaum (grau)

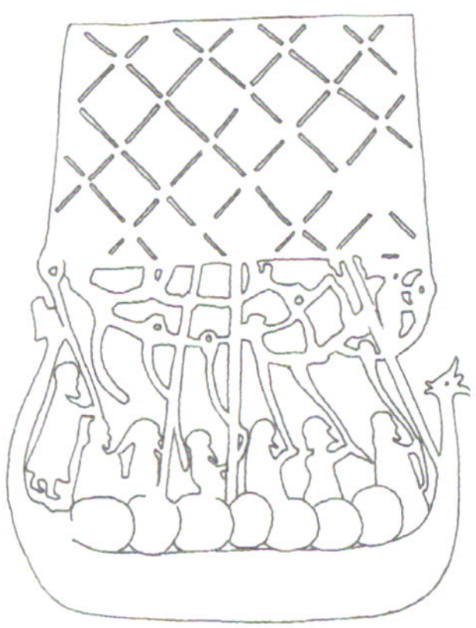

Schiffe auf gotländischen Bildsteinen von den Fundplätzen Alskog/Tjängvide und Lärbro/Stora Hammars III.

Das Gokstadschiff war sowohl ein Fahrzeug für Kriegsleute, die mit vielen Männern an Bord die Ufer von Verbündeten oder Feinden ansteuerten, als auch ein Transportfahrzeug für Siedler, die mit Hausrat, Saatgetreide, Gerätschaften und Haustieren auf dem Nordatlantik zu neuem Siedlungsland fuhren, und es wurde darüber hinaus von Händlern genutzt, die in Gemeinschaft von mehreren Männern Handelsware mit sich führten.

Die Teile der Boote vom Deck des Gokstadschiffs lagen 50 Jahre ungeordnet in der Altertümer-Sammlung der Universität Oslo. Als F. Johannessen unterschiedliche Breiten von Steven und Kielen bemerkte, konnte er die Teile sortieren und letztlich drei unterschiedlich gebauten Booten zuordnen. Diese Boote, die 9,75, 8,0 und 6,6 m lang sind, verraten viel von der hohen Fertigkeit damaliger Bootsbauer. Ein Boot hatte einen Treppensteven. Bei einem anderen endeten die drei oberen Plankengänge bei einem Halsstück, das wie die beiden unteren Plankenstücke an den Balkensteven genagelt war. Ihre Nachbauten zeigen sich als leichte, einfach zu rudernde und relativ schnelle Boote.

Das in Oslo-Bygdøy ausgestellte Gokstadschiff (Foto: Museum of Cultural History, University of Oslo).

Das Foto aus dem Jahr 2006 zeigt GAIA, den Nachbau vom Gokstadschiff, bei der Fahrt mit dem eingebauten Motor in norwegischen Gewässern (Foto: Jørn Løset).

Einige Tage nach einer längeren Tour, bei der man Brest und Newcastle angelaufen hatte, sank GAIA im Heimathafen in der Nacht zum 7. August 2012. Ähnliches passierte einem Nachbau des Ralswieker Bootes, als dessen Lahnungen im Überwasserbereich im heißen Sommer austrockneten und undicht wurden. Plötzlich auftretender Starkregen ließ das Boot tief eintauchen, durch die Trockenrisse strömte so lange Wasser in das Boot, bis es sank. Bei beiden Fahrzeugen musste der Steinballast erst herausgeholt werden, bevor die eigentliche Bergung begann.

Ein Nachbau vom Gokstadschiff in originalen Maßen – aber aus gesägtem Holz – entstand im Winter 1989/90 im norwegischen Bjørkedalen. Das Schiff erhielt einen besonders hohen Mast mit einem 110 m^2 großen Segel. GAIA hat Sandefjord als Heimathafen und wird seit 1993 von der Gruppe *Gokstad-Kystlag* betreut. Ein Jahr nach dem Bau segelte es unter Leitung von Ragnar Thorset nach Nordamerika und von dort weiter bis nach Havanna/Kuba. Im Sommer 2005 war man auf der alten Wikingerroute Westfold/Norwegen und Dublin/Irland unterwegs. Das Fahrzeug trotzte mit Erfolg den starken Belastungen auf See und überstand auch einen Orkan vor Neufundland mit gefährlich brechenden Wellen.

Ladbyschiff – ein frühzeitliches Langschiff

Fund
Fundort: bei Ladby auf der dänischen Insel Fünen
Baujahr: 900 bis 925
Erhaltungsgrad: nur eiserne Nieten und Nägel
Ausstellungsort: Grabhügel bei Ladby

Originalgetreuer Nachbau
Nachbau im Wikingermuseum Ladby
Nachbauzeit: von 2010 bis voraussichtlich 2014

Abmessungen
Rekonstruktionszeichnungen:
V. Bischoff/Roskilde
Länge ü.a.: 21,5 m
max. Breite: 2,94 m
Seitenhöhe mittschiffs: 1,04 m
Vortrieb: segeln und rudern
Steuern mit: Seitenruder steuerbords
Masthöhe: 10,35 m
Segelfläche: 60 m²
Ruderplätze: 30
Besatzungszahl: 35 Personen

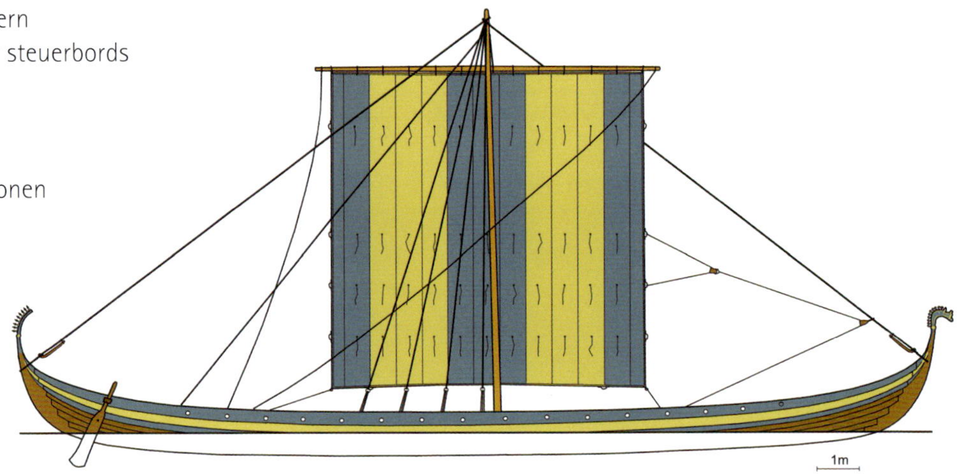

Seitenansicht des Ladbyschiffs

Der Apotheker P. Helweg Mikkelsen aus Odense entdeckte um 1934 einen Grabhügel in der Nähe des Kerteminde Fjords auf Fünen. In den folgenden Jahren bis 1937 wurde das Schiffsgrab in dem Gräberfeld unter der Leitung von G. Rosenberg, einem Konservator am National Museum Kopenhagen, untersucht. Alle hölzernen Schiffsteile waren bis auf unkenntliche Reste vergangen. Jedoch wurden etwa 2000 eiserne Nieten und Nägel freigelegt, die man vermessen konnte. Zur Beisetzung hatte man einst im Heck des Schiffes eine Grabkammer eingerichtet, die aber leer war. Wenige Jahre nach dem Begräbnis, so die heutige Deutung, war man vom Heck her in die Grabkammer eingedrungen und hatte den Toten entfernt. Einzelne, dort verbliebene kleine Knochen ließen die genaue Altersbestimmung nicht zu.

Der Tote war vermutlich höchstens 50 Jahre alt. Ein fränkisches Schwert, Sporen, ein metallischer Schildbuckel, ein Köcher mit Pfeilen, kunstvoll mit Goldeinlagen verzierte Messerklingen, ein vergoldeter Silberteller und anderes mehr deuten auf einen Mann von hohem sozialem Status. Vor dem Mast hatte man elf Pferde, die mit ihrem 1,25 m hohen Rist der Statur von Island-Ponys entsprachen, drei bis vier unterschiedlich große Hunde – alle waren vorher getötet worden – und einen Anker untergebracht. Zum Anker gehört die etwa 10 m lange Kette und ein daran gebundenes Tau aus Bast. Das Grabschiff, das in einer Grube mit dem Vorsteven in Richtung Süd stand, wurde mit kräftigen, dicht nebeneinander liegenden Bohlen abgedeckt, bevor man darüber die Erde zu einem Hügel mit 30 m Durchmesser schaufelte.

Die Planken hatte man, so die erhaltenen Farbreste, gelb und blau angestrichen. Auf die einst vorhandene Takelung weisen jeweils vier geschmiedete Ringbeschläge an jeder Bordseite, die, kurz hinter der Schiffsmitte angeordnet, zum Festmachen der Wanten benutzt wurden. Das Schiff schmückte am Bug wahrscheinlich ein Drachenhaupt mit aus Eisen geschmiedeten Locken, es endete mit einem Drachenschwanz am Heck.

Die aufgefundenen Eisenringe waren Fußpunkte für die Wanten.

Nach der archäologischen Grabung lagen die Nieten und Nägel ungeschützt offen. Deshalb ließ Apotheker Mikkelsen auf eigene Rechnung ein Gewölbe aus Beton errichten, das seitdem die freigelegten Schiffsreste schützt, den Besuchern Zutritt erlaubt und bereits von weitem als flacher, mit Erde bedeckter, grasbewachsener Hügel zu sehen ist. Die Anlage wurde dem National Museum übergeben und gehört zum Wikingermuseum Ladby bei Kerteminde. Das Schiffsgrab war durch Grundwasser, Feuchtigkeit und Befall von Mikroorga-

Der aus dem Grabhügel mit dem Ladbyschiff herausgenommene Leichnam wurde vielleicht in ein christlich geweihtes Grab umgebettet. Wahrscheinlich ist aber, dass der Sieger befahl, das Grab eines ihm unterlegenen Herrschers zu schänden, um die fortwährende Verehrung des Toten im Grabhügel zu beenden.

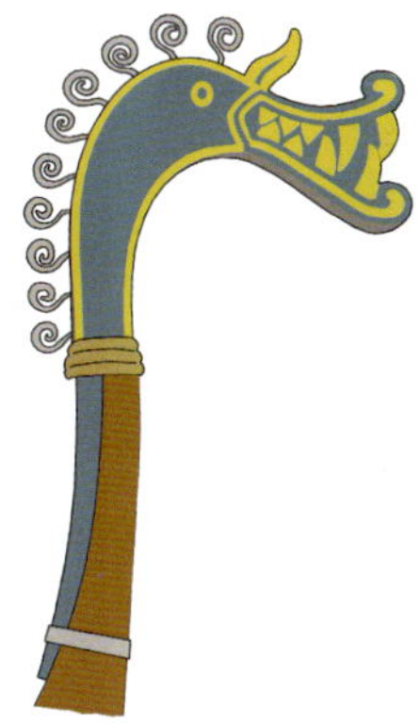

Das Drachenhaupt, gestaltet nach einer im schwedischen Birka gefundenen Gussform, mit den aus Eisen geschmiedeten Locken

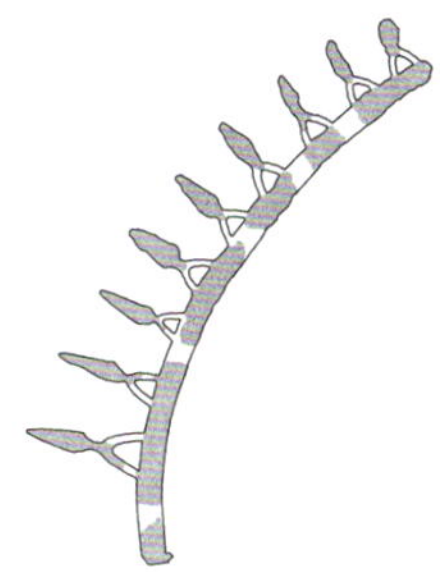

Geschmiedeter Beschlag vom Achtersteven des Ladbyschiffs

Das **Durchbiegen** tritt bei hölzernen Fahrzeugen auf, weil der Auftrieb bei Bug und Heck deutlich niedriger ist als in der Rumpfmitte mit hohem Auftrieb. Das ergibt für das schwimmende Fahrzeug eine stete Biegebelastung, die zum „Absacken" der Stevenbereiche führen kann.

nismen gefährdet. Als Feuchtigkeitssperre wurde 1997/98 darunter ein Keller gebaut.

Das Wikingerschiffszentrum Roskilde arbeitete seit 1993 daran, das Ladbyschiff so zu rekonstruieren, wie es einst war. Die Rekonstruktion konnte sich nur an der Lage und den Abmessungen der eisernen Nieten orientieren. Eine grundlegende Annahme war, dass der Rumpf einst strakend und mit gleichförmig verlaufenden Linien gebaut worden war.

Um die Positionen aller Nieten räumlich auf einer Helling im Maßstab 1:10 anzuordnen, wurde eine spezielle Konstruktion erdacht. Auf eine obere Schiene, die über einen Rahmen fest mit dem Hellingboden verbundenen war, wurden entsprechend der Spantenzahl insgesamt 18 justierbare Querträger geschraubt. Ihr gegenseitiger Abstand entsprach maßstabsgerecht dem der Spanten. Jedem Plankenniet wurde eine kleine Öse zugeordnet, die das untere Ende von einem Draht bildete. Dieser Draht wurde an dem für ihn passenden Querträger befestigt, ließ sich vertikal verschieben und seitlich schwenken. So ließ sich die Lage des Nietes einstellen. Durch die Ösen zog man feine Schnüre, welche die Nietreihen für jeden Plankengang wiedergaben.

Schon bald zeigte sich, dass, bevor das Holz des Schiffsrumpfes verrottet war, die oberen Plankengänge und die Steven aus ihrer ursprünglichen Lage gedrückt worden waren. Das Gewicht der Erdabdeckung hatte die Beplankung der Steuerbordseite im Bereich von der Schiffsmitte bis zum Vorschiff nach außen gedrückt. Das Hellingmodell offenbarte, dass die Mitte des Rumpfes etwas nach oben gebogen war. Das kann beim Liegen im Grabhügel oder bereits während der Fahrenszeit entstanden sein. Wenn das einst neue Ladbyschiff jedoch einen leicht konkav gebogenen Kiel

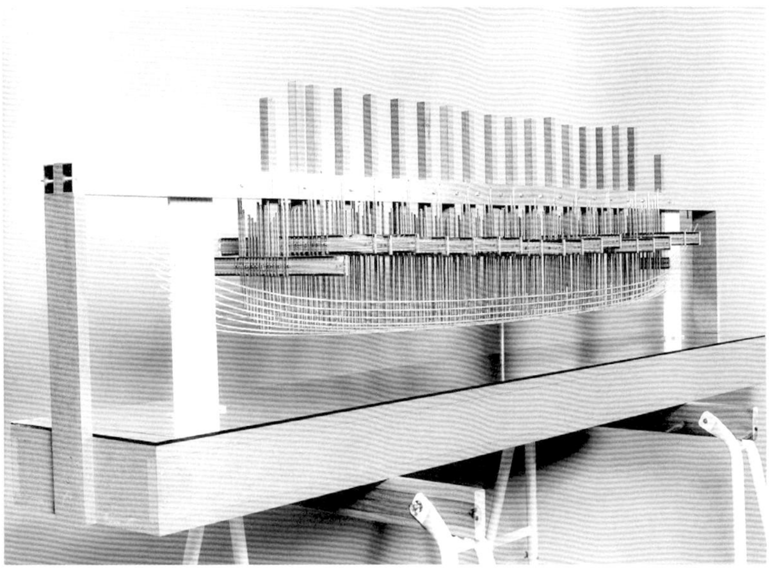

Die für die Rekonstruktion des Ladbyschiffs entwickelte Modellhelling hat einen im Foto nicht zu erkennenden Spiegelboden, um den Linienverlauf auch von unten sichtbar zu machen (Foto: Werner Karrasch, Wikingerschiffsmuseum Roskilde).

gehabt hätte, wären die Steven mehr nach oben gebogen. Diese Erkenntnis, auf das Hellingmodell übertragen, ergab für die Nietreihen des untersten Plankenganges einen akzeptablen Verlauf, der für die Rekonstruktion übernommen wurde.

Als Nächstes galt es herauszufinden, welche Form die Steven hatten. Die Untersuchung konzentrierte sich auf den Vorsteven, weil der Achtersteven beim Herausnehmen des dort Begrabenen gelitten hatte. Bei einem Balkensteven, wie ihn das Nydamboot und die Schiffe aus Oseberg und Gokstad besitzen, hätten die Nägel, mit denen die Plankenenden am Steven festgemacht waren, in einer langen Reihe zu finden sein müssen. Beim Treppensteven war jedes Plankenende mit Nieten verbunden, die von Planke zu Planke in Sprüngen, aber immer beinah lotrecht angeordnet waren. Die drei unteren Plankengänge haben solche lotrechten Nietungen. Das zeigt, dass schon das Ladbyschiff mit den für spätere Wikingerfahrzeuge typischen Treppensteven gebaut wurde.

Die Erdlast auf dem originalen Schiff, das zeigte das Hellingmodell, hatte den 7. Gang herabgedrückt. Für die neue Rekonstruktion mussten seine Breite und Neigung geschätzt werden. Im Grabungsbericht fehlten Angaben zu einem 8. Plankengang. Dessen Spuren waren – so die neue Arbeitshypothese – bei der Ausgrabung weggegraben worden, weil man besonders auf eiserne Nägel und Nieten geachtet hatte. In der oberen Nagelreihe befand sich alle 25 cm jeweils ein Nagel, der mit 6 cm die Länge der anderen Nägel deutlich überragte. Das ließ sich nur mit der Kenntnis der Skuldelev-Schiffe Nummer 3 und 5 deuten. Diese Nägel konnten nun beim Ladbyschiff einem achten Gang mit einem Stringer zugeordnet werden. Der Grabungsbericht nannte bislang unbeachtete Holzreste, die 3 bis 4 cm über den obersten Nägeln lagen. Das war möglicherweise etwas von Planke 8. Schließlich, als die gesamte Situation betrachtet wurde, sah man, dass der Rumpf ohne einen 8. Gang deutlich zu niedrig gewesen wäre.

Für die innere Konstruktion gab es keine Belege. Möglich ist, dass einige von den gefundenen Nieten und Nägeln, die bei der Grabung nicht eingemessen wurden, zu den Spanten gehörten. Die Erfahrung mit anderen Schiffsfunden aus der Wikingerzeit bestimmte die Konstruktion des neuen Ladbyschiffs. Interessant ist, dass die Nieten des 4. Plankenganges in der oberen Reihe 5 cm und in der unteren nur 3 cm lang waren. Das wird nun als Beleg für einen Plankengang vom Typ *meginhufr* gewertet, bei dem die Spanten und auch die unteren Biten mit den aufgesetzten Knien endeten. Die Plankengänge 3 und 4 verbanden

Eiserne Nägel und Nieten, Bordgang, Hauptplanke (hellbraun) und Stringer vom Ladbyschiff

1963 wurde nach damaligem Kenntnisstand das Ladbyschiff nachgebaut. Imme Gram war 21,6 m lang, 3,1 m breit, mittschiffs nur 0,7 m hoch, es hatte 32 Ruderplätze sowie ein 75 m² großes Rahsegel. Über den niedrigen Freibord floss im Juli 2009 bei starkem Wind viel Wasser ins Schiff, das dann kenterte. Alle Besatzungsmitglieder wurden gerettet.

längere Eisennägel mit den Spanten. Ob die Gänge 1 und 2 dagegen Klampen zum Anbinden von Spanten hatten, ist unklar.

Von den Hauptabmessungen ist besonders die auf 1,04 m gestiegene Seitenhöhe mittschiffs zu nennen. Im Vergleich zum Vorgängerbau Imme Gram (siehe Anmerkungen in der Randleiste) ist die Segelfläche deutlich kleiner. Das neue Ladbyschiff hat 30 Ruderplätze und ein etwas kleineres Rahsegel. Das Wikingermuseum Ladby zeigt von der neuen Rekonstruktion ein Modell im Maßstab 1:10.

Die *Tønder Skibslag*/Schiffsgesellschaft Tondern beschloss, Imme Gram – inzwischen 46 Jahre alt – durch einen Neubau zu ersetzen. Im Oktober 2010 waren der Kiel und die vier unteren Bordgänge in Rudkøbing auf der Bootswerft zusammengefügt worden, die Bengt Hartvig Nielsen gehört, dessen Vater einst die Imme Gram gebaut hatte. Der halbfertige Rumpf wurde nach Tondern gebracht. Dort konnte *Tønder Skibslag* das Fahrzeug fertigstellen. Es ist 3,1 m breit – die Zeichnungen aus Roskilde geben 16 cm weniger vor – und hat keine Treppensteven, sondern Balkensteven. Dieser Nachbau wurde im August 2012 zu Wasser gelassen und erhielt den Namen Imme Sejr.

Im Wikingermuseum Ladby auf der Insel Fünen baut *Ladby Skibslaug*/Ladby Schiffsmannschaft nach den Plänen aus Roskilde eine Replik. Das Vorhaben gibt vielen Menschen der Region die Möglichkeit, beim Bootsbau und Nähen des Segels, bei der Fertigung der Taue und anderen Tätigkeiten mitzuwirken.

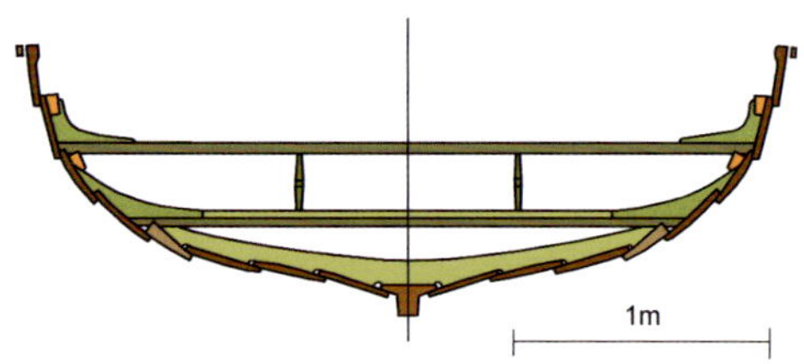

Spant im Mittschiffsbereich vom Ladbyschiff. Gelb wurden die beiden Längsstringer und hellbraun die Hauptplanke eingezeichnet.

Haithabu-Langschiff

Fund
Bauort: Umfeld von Schleswig
Fundort: Haddebyer Noor – alter Hafen Haithabu
Fundjahre: 1953 und 1979
Baujahr: um 980
Erhaltungsgrad: 15 Prozent
Ausstellungsort: Wikingermuseum Haithabu/Schleswig

Abmessungen
Rekonstruktion: O. Crumlin-Pedersen
Länge ü.a.: 30,9 m
max. Breite: 2,7 m
Seitenhöhe mittschiffs: 1,5 m
Vortrieb: rudern (gelegentlich segeln)
Steuern mit Seitenruder steuerbords
Masthöhe: 11,5 m
Segelfläche: ca. 80 m²
Ruderplätze: 52
Besatzungszahl: ca. 60 Personen
Zuladung: keine

Originalgetreuer Nachbau
Bislang kein Nachbau

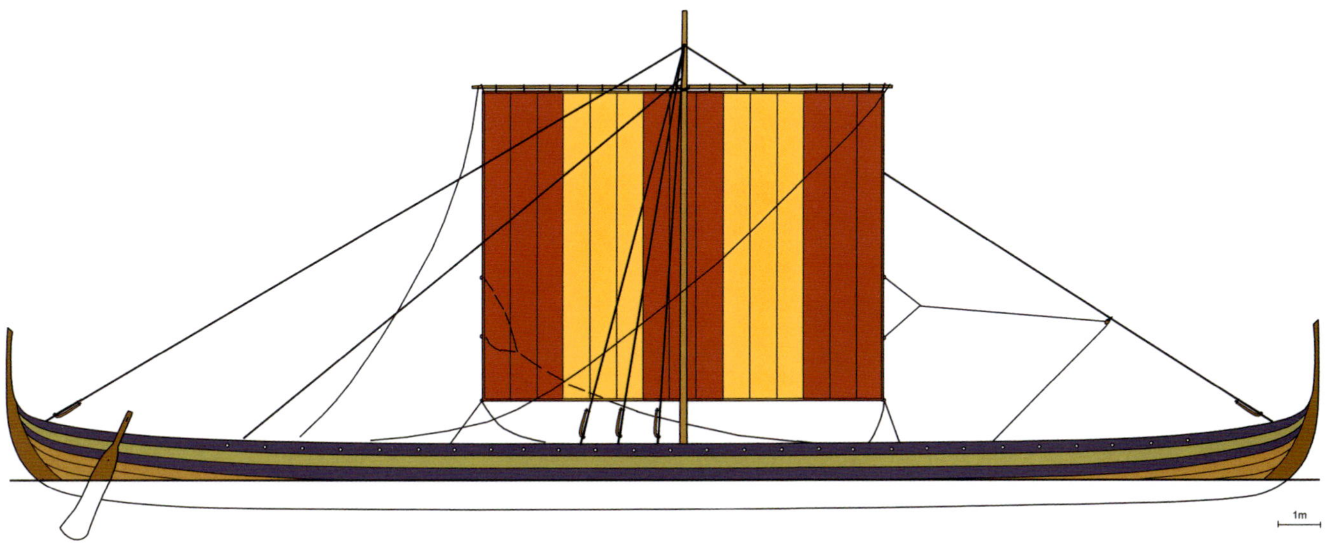

Seitenansicht des Langschiffs von Haithabu. Die Farben des Segels entsprechen denen des Modells im Museum Haithabu.

Im Jahr 1953 stießen Taucher im Hafen, der zur Wikingersiedlung Haithabu gehörte, auf Reste von einem Schiff, das man später Wrack 1 nannte, und bargen einzelne Teile. Die endgültige Bergung gelang 1979. Die Teile stammten von einem Wikingerschiff, das, wie es die angekohlten Holzteile zeigten, im Hafen brennend gesunken war. Es könnte für eine Feuerbestattung oder als eine gegen die Bewohner der Siedlung gerichtete Brandfackel benutzt worden sein. Das einstige Schiff war oberhalb der Wasserlinie vollständig verbrannt. Wahrscheinlich wurde es einst mit leicht brennbarem Material wie beispielsweise Strauchwerk über die gesamte Schiffslänge beladen und an vielen Stellen angezündet. Von dem, was auf den Grund sank, blieb nur ein Teil erhalten. Zu diesem Schiff hat Ole Crumlin-Perdersen Vorschläge zur Rekonstruktion ausgearbeitet. Die nachfolgende Darstellung folgt seiner Veröffentlichung.

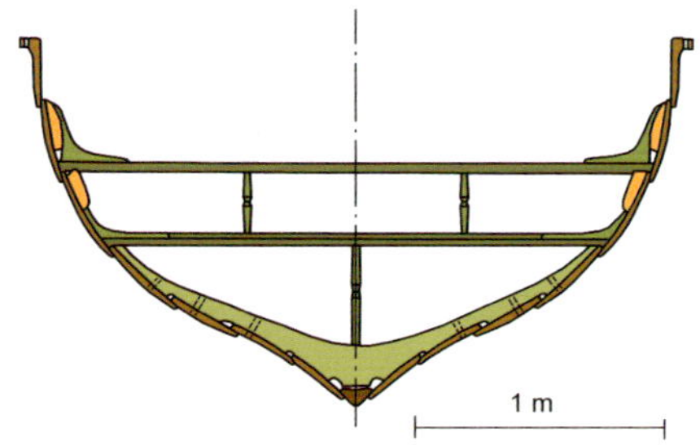

Spant 13, vier Spanten vor dem Mast.

Um die Fundstelle im Wasser des Haddebyer Noors wurden Spundwände zur Wrackbergung geschlagen (Foto: Wikinger Museum Haithabu).

Zum Fundmaterial gehörten Teile der backbordseitigen Beplankung, die von der Schiffsmitte bis zum Bug und hinauf zum 5. Plankengang reichten. Außerdem gab es Stücke von Biten und Duchten sowie diverse Kniestücke.

Wichtig für die Rekonstruktion war der Fund eines 15,4 m langen Abschnittes vom Kiel. Er reichte von einer schrägen Stevenlasche bis zum 19. Spant. Die Angabe zu den Spanten war möglich, weil die obere Fläche des Kiels etwa alle 85 cm eine kleine Bohrung aufwies, mit der die Bootsbauer damals die Mitte von jedem Spant markiert hatten. Der aus Eichenholz gearbeitete Kiel hatte einen sehr kleinen Querschnitt und war u-förmig so ausgebildet, dass an beiden Seitenflächen jeweils der unterste Plankengang im vorgesehenen Winkel anlag. Der nur 6 cm hohe Kiel war in der angenommenen Schiffsmitte 16,0 cm, bei der Bruchfläche 15,4 cm, etwa 3 m vor der Stevenlasche 12 cm breit. Dort begann die in den Kiel eingearbeitete, zum Bug führende Nut für den unteren Plankengang. Bei der Stevenlasche war der Kiel nur noch 7 cm breit.

Fragmente vom gefundenen Vorsteven aus Eiche deuten zumindest für den unteren Bereich auf eine getreppte Ausführung.

Die aufgefundenen Planken waren aus radial gespaltenem Eichenholz von hoher Qualität, unüblich breit, aber handwerklich sauber gearbeitet. Das traf auch auf Reparaturstellen zu. Die Stöße im Plankengang waren in eleganter Zungenausführung gefertigt. Die Nieten hatte man am Kiel und zwischen den einzelnen Gängen mit 10 cm Abstand gesetzt. Im Wikingerschiffbau waren sonst Abstände von 15 bis 20 cm üblich. Kalfatert wurde mit geteerter Schafwolle. Der unterste Gang war 25 bis 26 cm und der 5. Gang sogar 37,5 cm breit. Für die zwischen 9 und 10 m langen Plankenstücke waren als Ausgangsmaterial mächtige, mindestens 10,2 m lange Stämme ohne Äste mit einem Durchmesser bis zu 1,2 m nötig gewesen. Die 1,2 bis 2,4 cm dicken Planken hatten Querschnitte, die meist gerade gearbeitet waren. Aber der 1. Gang war konkav und der 4. leicht konvex gebogen. So versuchte man, die angestrebte Rumpfform zu gestalten.

Die erhaltenen Spanten aus Eiche waren mit Nägeln aus Weidenholz an den Plankengängen 2 bis 4 befestigt. Kiel und 1. Gang blieben ohne Nagelung. Die zwischen die Spanten gesetzten Auflanger aus Erle oder Esche reichten bis unter die Stringer beim 5. oder endeten beim 6. Gang. Auf den Spanten lagen beim 4. Gang Biten aus Esche. Sie hatten in ihrer oberen Fläche Ausarbeitungen für die lose aufliegenden Decksplanken. Etwa 30 bis 35 cm darüber ordnete Crumlin-Pedersen Querbalken als Duchten an.

Zusätzliche Längsfestigkeit brachten zwei Längsstringer, die auf den Gängen 5 und 6 saßen. Auf sie deuten die Ausarbeitungen bei den gefundenen Auflangern.

Auch wurden einzelne Knie gefunden, die so geformt waren, dass sie mit einer Fläche an einem massiven Kielschwein hätten anliegen können. Das Kielschwein selbst, von dem keine Spur vorhanden war, müsste weit nach vorn und achtern gereicht haben, um den sehr schwach dimensionierten Kielbereich zu verstärken. Viele Details konnten bei dieser Rekonstruktion nur anhand von umfassenden Erfahrungen mit zahlreichen Wikingerfahrzeugen eingefügt werden.

Dendrochronologische Untersuchungen zur Altersbestimmung zeigten, dass die beim Bau verwendeten Hölzer aus dem Gebiet Schleswig-Holstein kamen.

Das schlanke, leicht gebaute Haithabu-Langschiff eignete sich mit seinen 52 Ruderplätzen und dem Segel vorzugsweise für die Ostsee und besonders dann, wenn ruhiges Wetter mit wenig Wellen herrschte.

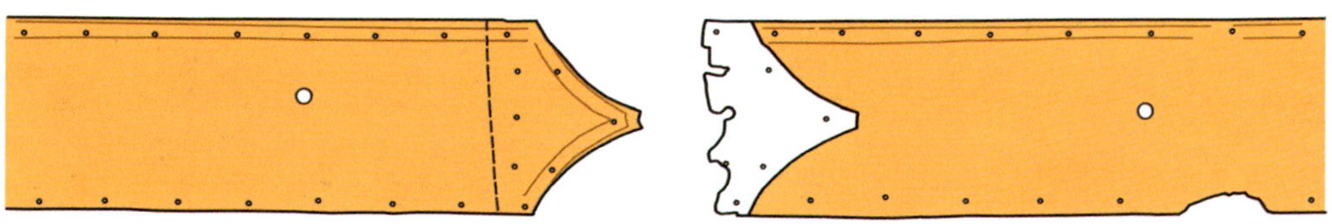

Die Plankenlasche, hier die Seite zum Schiffsinneren abgebildet, war sehr sorgfältig in beide Plankenstücke gearbeitet. Das unterscheidet sie von den sonst im Wikingerschiffbau üblichen Schräglaschen. Die zahlreichen kleinen Löcher waren Spuren der Nieten. Die großen gehörten zu den Holznägeln der Verbindung Planke und Spant.

Reste von zwei weiteren Fahrzeugen wurden im alten Hafen im Haddebyer Noor entdeckt. Ihre Lage gibt die Karte von der Siedlung Haithabu im Kapitel Händler wieder. Das Wrack 2 lag im Schlamm bei der Pfostensperre. Es war ein 9 bis 12 m langes Fahrzeug, das zur Frachtfahrt oder in der Fischerei benutzt wurde. Sein Kiel und die Planken bis zum Gang 5 bestanden aus Eichenholz. Der nächste Gang war aus Buche. Für die oberen zwei Gänge hatte man Kiefer verwendet. Die Spanten stammten z.T. aus älteren Fahrzeugen. Bemerkenswert ist, dass Eisennieten und bei den oberen Gängen Holzdübel die Planken zusammenhielten. Nicht alle Wrackteile konnten geborgen werden.

Spuren von Wrack 3 wurden 1979/80 mit seismischen Verfahren entdeckt. Erste Teile bargen Taucher ein Jahr später. Parallel zur Küste, im südlichen Teil vom alten Hafen liegend, bedeckte eine Schlammschicht den unteren Bereich von dem auf die Seite gekippten Wrack. Nach dem Freispülen wurden Bojen an charakteristischen Wrackstellen befestigt, deren Positionen an der Wasseroberfläche die Maße für das Wrack lieferten. Die geborgenen Teile sprachen für ein um 1025 in Wikingerart gebautes Frachtfahrzeug vom Typ Knorre, dessen Länge 22,1 m, Breite 6,2 m und Höhe mittschiffs 2,5 m betrugen. Außer Eiche für Planken und Kiel wurden Esche, Ahorn und Erle für den Innenausbau verwendet. Möglicherweise war zur Bauzeit im weiten Bereich um Haithabu Schiffbauholz knapp geworden. Die ermittelten Maße übertreffen deutlich die Abmessungen der Skuldelev-Knorre.

Im Wikinger Museum Haithabu ausgestellter Bodenbereich des Langschiffs aus dem Haddebyer Noor

Skuldelev 1 – Knorre

Fund

Bauort: am Sognefjord in Norwegen
Fundort: Pederrenden Tief im Roskilde Fjord beim Dorf Skuldelev
Fundjahr: 1962
Baujahr: um 1030
Erhaltungsgrad: 60 Prozent
Ausstellungsort: Wikingerschiffsmuseum Roskilde

Abmessungen

Rekonstruktion: Wikingerschiffsmuseum Roskilde
Länge ü.a.: 15,84 m
max. Breite: 4,84 m
Seitenhöhe mittschiffs: 2,24 m
Tiefgang leer 0,6 m; voll beladen 1,3 m
Vortrieb: segeln (gelegentlich rudern)
Steuern mit Seitenruder steuerbords
Masthöhe: 14 m
Segelfläche: 90 m²
Ruderplätze: 4
Besatzungszahl: 6 bis etwa 15 Personen
Zuladung: Frachtraum 35 m³

Originalgetreuer Nachbau

Name: Ottar
Ort: Museumswerft Roskilde
gebaut vom: Wikingerschiffsmuseum Roskilde
Bauzeit: 1999 bis 2000
max. Fahrt: segelnd 12,5 kn
gerudert 1,5 kn
Durchschnittsgeschwindigkeit: 5 bis 6 kn
Gewicht: 6 t
Ballast: 17 t (Steine anstelle von Fracht)

Seitenansicht des rekonstruierten Handelsschiffs Skuldelev 1

Der Skuldelev-1-Nachbau Ottar mit seinem großen Rahsegel (Foto: Werner Karrasch, Wikingerschiffsmuseum Roskilde)

Im April 1983 erfolgte in Norwegen der Stapellauf des Nachbaus von Skuldelev 1. SAGA SIGLAR war 16,0 m lang und 4,5 m breit, hatte einen Dieselmotor mit Propeller und eine leistungsstarke Lenzpumpe. Im Frühjahr 1984 begann eine Crew unter Ragner Thorset eine Weltumseglung. Raue See und Sturm vermochten dem Fahrzeug wenig anzuhaben. Bei Neufundland überstand das Schiff einen Orkan mit 12 Beaufort und bis zu 8 m hohen Wellen. 1992 sank es im Mittelmeer (siehe Randleiste Kapitel Osebergschiff).

In Norwegen entstand mit BORGLUNDKNARREN ein weiterer Nachbau von Skuldelev 1. Eine Mannschaft segelte unter Ragnar Thorset über den Atlantik. Das Schiff hat seit 2004 seinen Liegeplatz im Sunnmøre Museum bei der norwegischen Stadt Iesund.

1996 wurde Skuldelv 1 für Ragnar Thorset nochmals nachgebaut und auf den Namen des isländischen Gletschers KVITERK getauft.

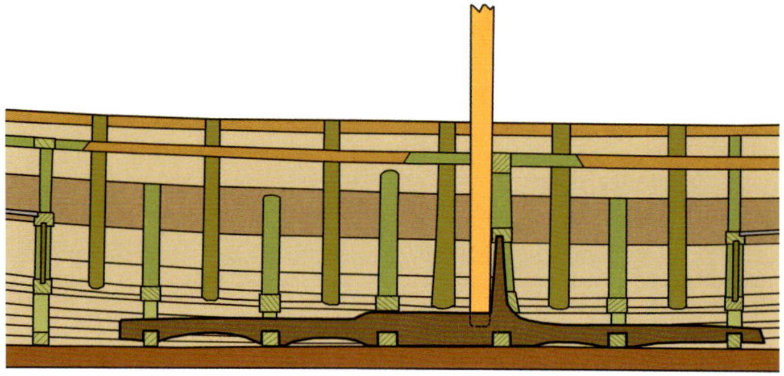

Die Mastaufstellung im Handelsfahrzeug Skuldelev 1. Farben der Bauteile: Kielschwein = dunkelbraun, Mast = gelb

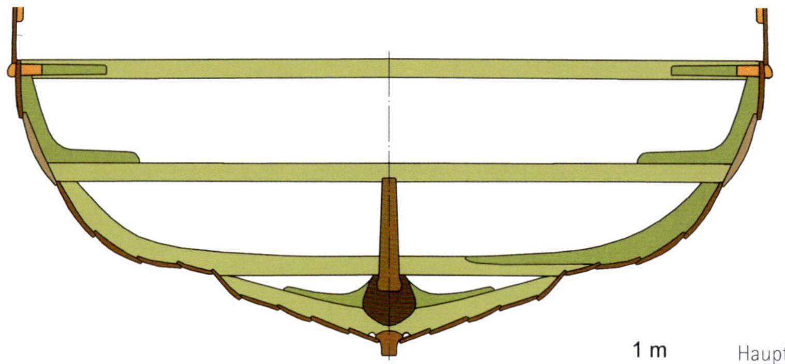

Hauptspant vom Handelsschiff Skuldelev 1

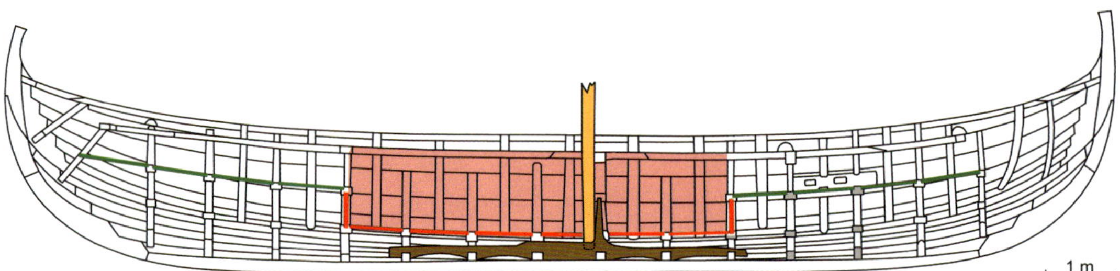

Im Längsschnitt durch das Frachtschiff Skuldelev 1 wurde der offene Frachraum rötlich markiert. Die grün eingezeichneten, nicht wasserdichten Decks boten Platz für Mannschaft und Passagiere.

Das Wikingerschiffsmuseum in Roskilde bereitete nach den erfolgreichen Nachbauten in Norwegen eine eigene Replik mit den Erkenntnissen vor, die man seit der Bergung gewonnenen hatte. In den Jahren 1999 bis 2000 baute die Museumswerft Roskilde das Frachtschiff, das den Namen OTTAR erhielt.

Vorbild war das kräftige Lastschiff, das man um 1030 im westlichen Norwegen aus Kiefernholz vom Gebiet um den Sognefjord gefertigt hatte. Anders als bei den Langschiffen ließ sich bei ihm der Mast nicht von der Mannschaft an Bord aufrichten. In den letzten Jahren vor seiner Versenkung hatte man das Schiff zweimal repariert, mit Planken aus Eichenholz, das aus der Region am Oslofjord oder aus Schonen stammte. Bei der sorgfältigen Rekonstruktion in Roskilde veränderten sich die Hauptabmessungen etwas gegenüber den vorhergehenden Nachbauten, die in Norwegen entstanden waren.

In Roskilde wurden die Planken aus Kiefer in alter Art der Wikinger gefertigt. In vielem glich der Rumpf seinen vor ihm in Norwegen fertiggestellten Schwesterschiffen. Eine Besonderheit ist die Winde auf dem Deck achtern, die das Setzen des Rahsegels wesentlich erleichtert.

Das Segel, das nun wie althergebracht aus Wolle bestehen sollte, führte zu gemeinsamer Arbeit von Textilforschern aus Skandinavien, England und Schottland. Sie ermittelten die optimale Rezeptur. Von etwa 200 Schafen, Nachkommen von ausgewilderten Tieren in Norwegen, wurden jeweils nur 500 Gramm Wolle gesammelt und zu sehr festen Fäden versponnen. Daraus webte man ein ausreichend winddichtes, haltbares Tuch. Das Segel wurde mit einem gekochten Gemisch aus Ocker, Rosshaarfett und Wasser behandelt, dann nochmals mit einem Ocker-Fettgemisch bestrichen und sieht nun goldfarben aus.

Das stehende Gut zum Halten des Mastes bestand aus Hanf. Das laufende Gut zum Bedienen des Segels wurde aus Rosshaar geschlagen. Versuchsweise wurden Seile aus Lindenbast für die Rahbänder verwendet, mit denen das Segel an die Rah geknotet wird.

Ohne eindeutige Antwort blieben Fragen zur Schiffsgeschichte. Weshalb kam das Original einst nach Roskilde und blieb dort, so dass es dann in der Schiffssperre bei Skuldelev versenkt werden konnte? Einige Zeit nach dem Bau des Ursprungschiffes gab es in der Region Norwegen eine Periode mit knapper Nahrung. Damals luden zahlreiche neue und ältere sowie auch, was noch zu zeigen ist, umgebaute Schiffe in Dänemark Lebensmittel, um sie nach Norwegen zu transportieren. Aber weshalb verblieben das hier behandelte Schiff und auch Skuldelev 6 in Roskilde? Die Beantwortung dieser Frage bietet viel Raum für unterschiedlichste Deutungen.

Skuldelev 2 – Langschiff

Fund
Bauort: Region Dublin in Irland
Fundort: Roskilde Fjord beim Dorf Skuldelev
Fundjahr: 1962
Baujahr: um 1042
Erhaltungsgrad: 60 Prozent
Ausstellungsort: Wikingerschiffsmuseum Roskilde

Abmessungen
Rekonstruktion: Wikingerschiffsmuseum Roskilde
Länge ü.a.: 29,26 m
max. Breite: 3,75 m
Seitenhöhe mittschiffs: 1,78 m
Tiefgang: 1 m
Vortrieb: rudern und segeln
Steuern mit Seitenruder steuerbords
Masthöhe: 14,5 m
Segelfläche: 112 m^2
Ruderplätze: 60
Besatzungszahl: 80 bis 100 Personen

Originalgetreuer Nachbau
Name: HAVHINGSTEN FRA GLENDALOUGH
Ort: Museumswerft Roskilde
nachgebaut im: Wikingerschiffsmuseum Roskilde
Bauzeit: 2000 bis 2004
max. Fahrt: segelnd bis 20 kn, gerudert 4 kn
Durchschnittsgeschwindigkeit: 5 bis 6 kn
Gewicht: 9,2 t
Ballast: 6 t

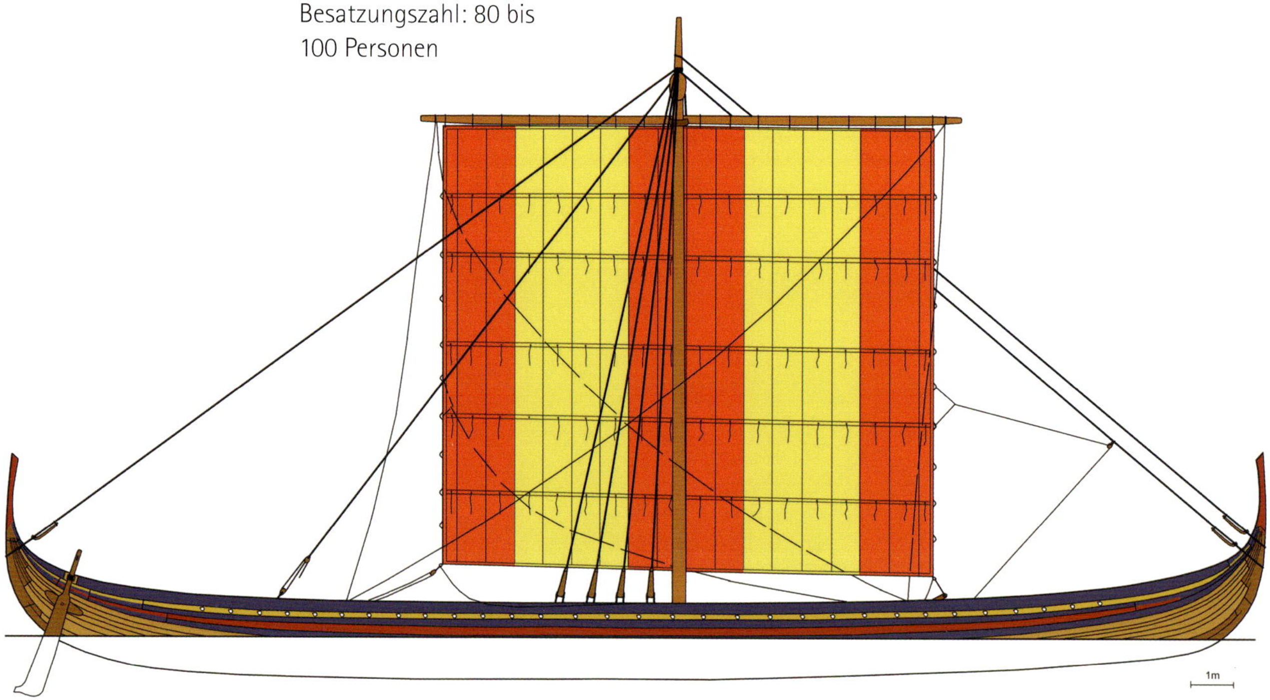

Seitenansicht des Langschiffs Skuldelev 2

Als letztes der fünf Wracks wurde Skuldelev 2 auf der Werft im Wikingerschiffsmuseum Roskilde in den Jahren 2000 bis 2004 nachgebaut. Voraussetzung dafür waren die bis dahin gesammelten Erfahrungen mit den vier Skuldelev-Wracks, die Kenntnisse über weitere Schiffe der Wikingerzeit. Entscheidend für die Rekonstruktion war jedoch das Vorhandensein wichtiger Schiffsteile. Es gelang, technische Zeichnungen für den Schiffsrumpf zu erstellen. Die dänische Tuborg-Stiftung unterstützte den Nachbau mit über 1,3 Mio. Euro. Beim Nachbau waren 15 – mitunter auch bis zu 20 – Bootsbauer und Bootsbauhelfer aus Dänemark, Norwegen sowie den Färöer- und Åland-Inseln tätig. Hinzu kamen die Arbeiten bei der Herstellung von rußfreiem Holzteer, beim Schmieden, beim Schlagen des Tauwerks und Anfertigen des Segels. Der Aufwand in den über vier Jahren Bauzeit wird auf 40000 Arbeitsstunden geschätzt, Die Bootsbauer hatten dabei einen Anteil von 27000 Stunden. Das zeigt, dass für jeden Nachbau, natürlich in Abhängigkeit von der jeweiligen Größe des nachzubauenden Fahrzeugs, außer hohem materiellem Einsatz viel Arbeit zu leisten ist. Besonders aufwendig ist es, wenn Maschinenarbeit ausgeschlossen wird.

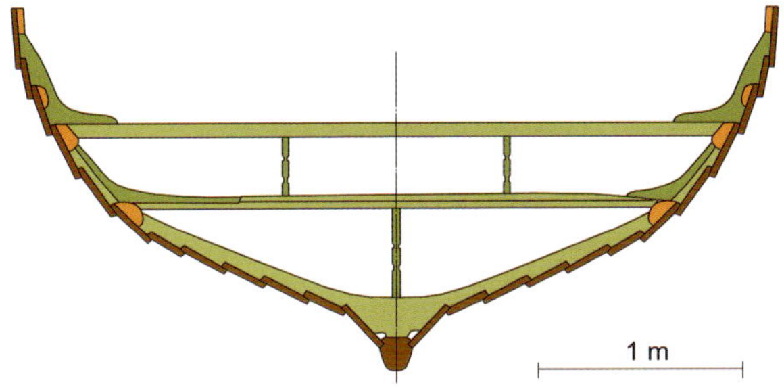

Hauptspant Skuldelev 1, gezeichnet ohne Kielschwein und Mastfischung

Vergoldete Wetterfahne von HAVHINGSTEN, gefertigt nach der aus der Kirche von Söderrala im schwedischen Hälsingland

Betrachtungen ergaben, dass die Wikinger so ein Langschiff in etwa sechs Monaten bauten. Sie wussten, wie dabei zu arbeiten ist, mussten nicht wie heutigen Tages den richtigen Weg durch Probieren ermitteln und taten auch nichts, um den Bau zu dokumentieren. Man schätzt, damals waren zehn Bootsbauer mit fünf Helfern direkt am Bootsrumpf und weitere zwanzig Männer bei der Holzbeschaffung und in der Plankenfertigung tätig. Wie das an den kurzen Wintertagen mit wenig Tageslicht in Norwegen bei Frost und Schnee ablief, kann man sich heute schwer vorstellen.

Der Nachbau in Roskilde verschlang etwa 450 m^3 Eichenholz. Das waren viele meterdicke Stämme für Kiel, Planken, Ruder und Kielschwein sowie Krummholz für Spanten, Knie und Steven. Zusammengezählt steckten 18 m^3 Kiefer im hohen Mast, in der 12 m langen Rah und den 60 Riemen.

Der Bast für einen Teil des Tauwerks wurde von armdicken Lindenästen gewonnen, die aneinandergelegt eine Strecke von 4,8 km ergeben. Und etwa 600 Schwänze von Pferden stecken ebenfalls in den Tauen.

Vibeke Bischoff bereitete in Roskilde mit Kartonmodellen die Rekonstruktion zahlreicher Wikingerfahrzeuge vor. Als Skipper führte sie das Langschiff HAVHINGSTEN auf der Sommertour 2012, bei der auch in Haithabu angelegt wurde.

Die Längsverbände des Rumpfes bestehen aus dem Kiel, Kielschwein, klinker gesetzten Planken und aus Stringern im mittleren und oberen Rumpfbereich. Die Querverbände sind die Spanten, Auflanger und die jeweils zwei übereinander angeordneten Querbalken, die über die Knie mit dem Rumpf verbunden sind. Die Biten sind die Auflage für lose eingelegte Bodenbretter. Die oberen Balken ergeben die Sitzmöglichkeiten für die Ruderer und tragen die nach dem Vorbild des Gokstadschiffs gestaltete Mastfischung. Im Bereich des Mittelschiffs liegt das über 13 m lange Kielschwein auf den Spanten. In die Planke unter dem Bordgang sind die Pforten für die Riemen eingearbeitet. Beim Rudern zeigte sich, dass ihr gegenseitiger Abstand von durchschnittlich 0,75 m nur kurze Ruderschläge zuließ, wenn die ganze Mannschaft ruderte. Das Schiff wurde am 4. September 2004 von der Königin Dänemarks auf den Namen HAVHINGSTEN FRA GLENDALOUGH getauft. Es glitt langsam, von zahlreichen Jungwikingern assistiert, ins Wasser und machte mit Ehrengästen an Bord, von 60 Ruderern bewegt, einen stattlichen Eindruck in der großen Schar von begleitenden, nach altem Vorbild gebauten oder neuen Fahrzeugen. Den Steven schmückt eine vergoldete Wetterfahne, wie sie einst auf Schiffe und später manchmal auf Kirchtürme gesetzt wurde. Das Schiff gehört in die Gruppe der *skeide* – das waren die mittelgroßen Langschiffe mit 20 bis 35 Ruderpaaren.

Danach begann die Erprobung, vor allem von Rigg und Segel. Die Rahfall läuft im Mast über eine Rolle, eingearbeitet kurz unterhalb der Auflagen für Wanten und Stage. Wer einmal beim Auftakeln – auch wenn es nur kleines Rahsegel ist – die mit Teer haltbar gemachte Rahfall durch eine glatte Bohrung im Mast gezogen hat, kennt den Widerstand, den Teer hervorruft, der durch die Wärme gleitender Reibung teilweise aufschmilzt und wieder klebend fest wird.

Die Höhe des Mastes, den man nur im Toppbereich abstagen konnte, hat mit 14 m seine Grenze erreicht. Die gewählte Länge der Rah mit 12 m ergab für das Rahsegel eine Breite von etwa 11,6 m. Am Wind segelnd, überragte die Luvkante des Segels den Schiffsrumpf. Deshalb wurden nach dem Vorbild des Gokstadschiffes Widerlager für den Halsbaum eingebaut, um beim Segeln hoch am Wind das luvseitige Schothorn des Segels außenbords zu halten.

Das Langschiff HAVHINGSTEN FRA GLENDALOUGH bei der ersten Ausfahrt nach der Taufe 2004 (links) und zu Besuch in Haithabu (rechts)

Glendalough liegt etwa 40 Kilometer südlich von Dublin. Das liebliche Tal war bereits im Mittelalter dicht besiedelt. Die Dörfer, Kirchen und das dortige Kloster erschienen den Wikingern als ein Gebiet mit lohnender, reicher Beute.

Überlieferungen folgend wurden der Rumpf und auch das Segel bunt gestaltet.

Mit dem Havhingsten segelte eine Crew im Jahr 2007 über den Skagerrak nach Dublin, wo das Schiff überwinterte. Im Jahr darauf erfolgte die Rückreise, die wiederum ohne Komplikationen verlief. Allerdings machte eine zusätzliche Bohle, die auf jedem Bordgang ohne Anbindung an die Steven montiert war, das Fahrzeug sicherer gegen überkommendes Wasser. Bei dieser Fahrt brachen mehrere Wantnadeln, die Anbindung des Seitenruders riss und musste mehrere Male erneuert werden.

Wie kam das alte, 1042 gebaute Schiff einst nach Roskilde? Es war in seinen ersten 20 bis 25 Jahren bei militärischen Operationen der Wikinger in der Irischen See unterwegs. Nachdem Wilhelm der Eroberer Ende 1066 englischer König geworden war, fanden die Söhne und eine Tochter vom unterlegenen König Harald bei Wikingern im Gebiet Dublin Schutz. Sie unternahmen mit Kriegsleuten wiederholt Züge ins westliche England. Dort wurde dieses Schiff damals repariert. Das belegen Holzuntersuchungen. Möglich ist, dass mit diesem Langschiff 1068/70 von Dublin nach Roskilde gereist wurde, um gemeinsame Operationen zu verabreden.

Über den Nachbau Havhingsten sagt man in Roskilde, das Fahrzeug entspricht den heutigen Vorstellungen von den Langschiffen der Wikinger – unbekannt sei aber, ob es in allen Details einem Wikingerschiff von damals wirklich gleicht.

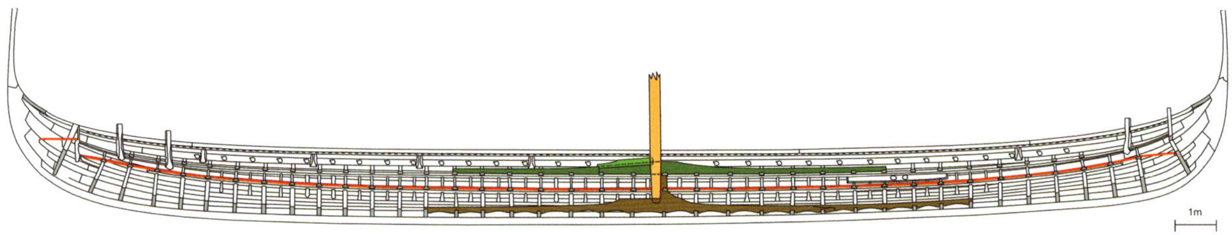

Der Längschnitt zeigt das durchlaufende Deck (rot) sowie die Einbauten Kielschwein (braun) und Mastfischung (grün), die weite Bereiche des Schiffs erfassen.

Skuldelev 3 – ein kleines Handelsschiff

Fund
Bauort: in Dänemark
Fundort: Roskilde Fjord beim Dorf Skuldelev
Fundjahr: 1962
Baujahr: um 1040
Erhaltungsgrad: 75 Prozent
Ausstellungsort: Wikingerschiffsmuseum Roskilde

Abmessungen
Rekonstruktion: Wikingerschiffsmuseum Roskilde
Länge ü.a.: 14 m
max. Breite: 3,34 m
Seitenhöhe mittschiffs: 1,42 m
Tiefgang: 0,85 m
Vortrieb: segeln (im Hafen rudern)
Steuern mit Seitenruder steuerbords
Masthöhe: 10 m
Segelfläche: 47 m²
Ruderplätze: 6
Besatzungszahl: 5 bis 8 Personen

Originalgetreuer Nachbau
Name: Roar Ege
Ort: Museumswerft Roskilde
durchgeführt vom: Wikingerschiffsmuseum Roskilde
Nachbauzeit: 1982 bis 1984
max. Fahrt: segelnd 8,5 kn, gerudert 3,3 kn
Durchschnittsgeschwindigkeit: 4 kn
Gewicht: 3 t
Ballast: etwa 4,5 t oder entsprechende Ladung

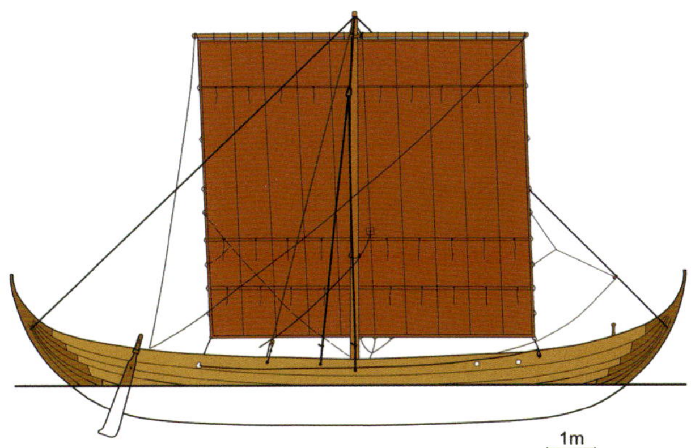

Seitensicht der kleinen Knorre Skuldelev 3

Eine private Spende von einer Million dänischer Kronen an das Wikingerschiffsmuseum in Roskilde im Jahr 1982 war Anlass für das Vorhaben, eine gewissenhaft vorbereitete und sorgfältig ausgeführte Kopie von Skuldelev 3, dem kleinen Lastschiff aus dem Skuldelev Fjord, zu bauen. Bereits im August 1984 konnte der Stapellauf erfolgen. Der Nachbau erhielt den Namen Roar Ege.

1982, zu Beginn des Vorhabens, wurde beschlossen, sich am Fund zu orientieren, und nur solche Teile, die beim Wrack wie Ruder, Rigg oder Segel nicht mehr vorhanden waren, nach den Ergebnissen spezieller Untersuchungen zu gestalten. Später am Original ausgeführte Reparaturen waren nicht zu berücksichtigen. Bevor der Arbeitsprozess im Wald und auf der Helling begann, schrieb man in den sogenannten Roar-Notizen auf, welche Grundlagen aus den vorausgehenden praktischen Versuchen und aus der Analyse archäologischer Spuren bekannt waren. Außerdem wurde beschlossen, ein Journal mit dem Eintrag der jeweiligen Arbeiten zu führen. Alle Arbeitsergebnisse sollten mit Fotos oder als Film dokumentiert werden. Abgesprochen wurde, das fertiggestellte Schiff ausführlich zu erproben, um das Segelverhalten, den notwendigen Ballast, die Rumpfdeformationen und den Einfluss von unterschiedlich im Schiff positionierten Besatzungsmitgliedern festzustellen. Zum Ende des Projektes wurden eine umfangreiche Publikation mit Analysen und Beschreibungen vorgelegt und ein Film über den Nachbau gezeigt.

Erstmals wurde die Methode mit dem Kartonmodell im Maßstab 1:10 angewendet. Dieses genaue Verfahren ergab einige, nur kleinere Maßänderungen zur ersten Rekonstruktion, die als Vorlage für einige Nachbauten genutzt wurde. – Der Rumpf wurde ohne Mallen gebaut. Das fertiggestellte Fahrzeug und dessen sorgfältige Erprobung, die mit einem Leinensegel begonnen hatte und 1985 mit einem Segel aus speziell gewebtem Wolltuch fortgesetzt wurde, war auch ein überzeugender Beitrag im Antrag zur Bildung des *Maritimen Archäologischen Instituts* in Roskilde.

Ein Schwesterschiff zur Roar Ege gibt es seit dem Jahr 1990 in Frederiksværk. Freiwillige konnten nach neun Jahren Arbeit ihren Nachbau nach Zeichnungen und Baubeschreibungen aus Roskilde ins Wasser setzen. Sie gaben ihm den Namen Sif Ege.

Von 1980 bis 1982 entstand in Friedriksværk ein Nachbau mit gespaltenen Planken. Imme Skinfaxe ist 12 m lang und 2,9 m breit, aber ein Zehntel kleiner als Skuldelev 3. Beim Bau dieses Fahrzeugs wurden Spantschablonen verwendet. Das Rigg mit dem rotbraunen Kunststoff-Segel entwarfen die Brüder Andersen. Das Schiff erwies sich als guter Segler und ist seit 1986 im Tuborg-Hafen in Kopenhagen beheimatet.

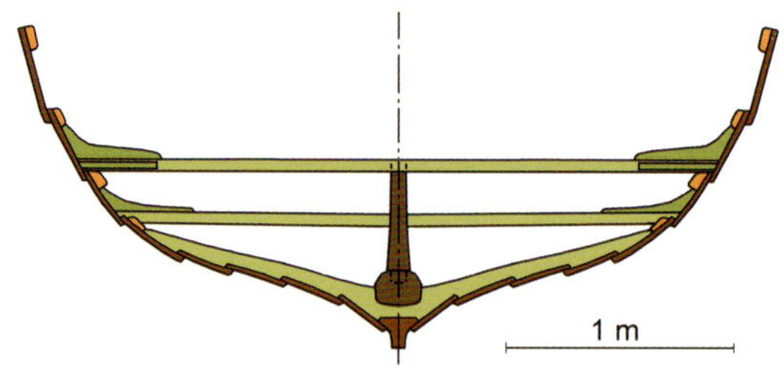

Hauptspant Skuldelev 3

An Bord eines Nachbaus von Skuldelev 3

Wrack Skuldelev 3 im Wikingerschiffsmuseum Roskilde. Im Hintergrund der fast komplett gefundene Treppensteven von diesem Fahrzeug (Foto: Werner Karrasch, Wikingerschiffsmuseum Roskilde)

In Haderslev/Südjütland arbeiteten seit Januar 1982 Bootsbauer ohne Lohn für die später nicht einlösbare Zusage, auf alter Wikingerroute über die Ostsee und auf den Flüssen Düna und Dnepr ins Schwarze Meer bis nach Istanbul zu fahren.

Der Nachbau wurde 27 cm breiter und 50 cm kürzer und hatte einen Plankengang mehr als das Original. Freja Byrding – der Liegeplatz befindet sich bei Helsminde/Südjütland – segelt gut und verträgt auch viel Wind.

Skuldelev 5 – das kleine Langschiff

Fund
Bauort: in Dänemark
Fundort: Roskilde Fjord beim Dorf Skuldelev
Fundjahr: 1962
Baujahr: um 1040
Erhaltungsgrad: 60 Prozent
Ausstellungsort: Wikingerschiffsmuseum Roskilde

Abmessungen
Rekonstruktion: Wikingerschiffsmuseum Roskilde
Länge ü.a.: 17,3 m
max. Breite: 2,58 m
Seitenhöhe mittschiffs: 1,14 m
Tiefgang: 0,6 m
Vortrieb: rudern und segeln
Steuern mit Seitenruder steuerbords
Masthöhe: 9,5 m
Segelfläche: 46,5 m^2
Ruderplätze: 26
Besatzungszahl: 6 bis 40 Personen

Originalgetreuer Nachbau
Name: HELGE ASK
Ort: Museumswerft Roskilde
durchgeführt vom: Wikingerschiffsmuseum Roskilde
Nachbauzeit: 1990 bis 1991
Fahrt: segelnd 11 bis 12 kn, max. 14 kn, gerudert bis 6 kn; bei Gegenwind 3 kn
Durchschnittsgeschwindigkeit: 10 kn
Gewicht: 2 t
Ballast: 0,5 bis 2 t

Seitenansicht des Skuldelev-5-Schiffs mit Segel, Schilden am Bordgang und Drachenhaupt sowie Tierschwanz

Der Nachbau HELGE ASK segelnd (Foto: Werner Karrasch, Wikingerschiffsmuseum Roskilde)

Die fünf Skuldelev-Wracks haben die Nummern 1 bis 3 sowie 5 und 6. Es fehlt die Nummer 4, die man ursprünglich für ein Plankengebilde vergeben hatte, das sich nach intensiver Prüfung als ein Teil von Wrack 2 zeigte.

Jahre bevor die Rumpfform mit dem Kartonmodell genau bestimmt war, bauten dänische Pfadfinder 1968/69 auf der Insel Alsen das kleine Langschiff SEBBE ALS. Sie spalteten die Planken in Wikingerart. Der Rumpf mit 17 m Länge und 2,6 m Breite hat etwas andere Maße als die spätere Rekonstruktion. Mit dem rot-weiß gestreiften Segel aus Kunststoff ist es ein schneller Segler. 1976 war es ein begehrtes Fotomotiv in New York beim 200-jährigen Jubiläum der USA.

Eine Kopie mit dem Namen LINDHEIM SUNDS fertigten von 1975 bis 1977 Lehrlinge der Freien Lehrerschule Ollerup bei Svendborg auf Fünen. Bug und Heck waren fast gleich gestaltet. 1986 erfolgte die Umrüstung auf die von den Brüdern Anderson gezeichnete Takelung. Der auf 2000 kg erhöhte Ballast ließ das Schiff deutlich schneller und höher am Wind segeln. Beim Kreuzen ist es etwa den Handelsschiffen der Wikinger gleichwertig. Bei rauem Wind läuft es ihnen davon.

Im Jahr 1968 kamen die 1962 gefundenen Teile von Wrack 5 aus der Konservierung. Im Museum Roskilde baute man den erhaltenen Bodenbereich, Teile vom Achtersteven und die fast vollständig aufgefundene Backbordseite zusammen. Aber den realen Querschnitt des Originalschiffes konnte man seinerzeit nicht mit Sicherheit angeben.

Das Material des Fundfahrzeuges war Eiche, bis auf den Bordgang aus Esche, der von einem älteren Schiff stammte. Ursprünglich hatte es vierkant gearbeitete Riemenpforten mit einem gegenseitigen Abstand von etwa 80 cm, was nicht zu dem Maß von 90 cm für die Spanten und nun runden Riemenpforten bei Skuldelev 5 passte. Die alten Öffnungen wurden mit Holzstücken zugesetzt. Nicht eindeutig ist, ob dieses alte Plankenstück bereits beim Bau oder später bei einer schnellen Reparatur eingesetzt wurde, als man nach einigen Jahren Gebrauch das beschädigte Vorschiff wenig sorgfältig reparierte.

Eine Spende von 2,75 Millionen dänischen Kronen ermöglichte es, 1990 in Roskilde zu beginnen, das Skuldelev-5-Wrack zu rekonstruieren. Ziel war, ein authentisch nachgebautes Kriegsschiff aus der späten Wikingerzeit zu haben, um eigene Versuche zum Rudern und Segeln durchzuführen, um dem Museumspublikum ein voll ausgerüstetes Fahrzeug fahrend oder im Bereich des Museums im Wasser schwimmend zu zeigen. Außerdem war daran gedacht, den Besuchern das Fahren in solch einem Schiff zu ermöglichen.

Damals, als um 1040 das Skuldelev-5-Schiff gebaut wurde, waren militärische Dienste für die Krone zu leisten. Jeder Distrikt musste ein Schiff in vorgegebener Größe bauen, es ausrüsten, unterhalten und bemannen, um damit an Kämpfen teilzunehmen, wenn der König dazu rief. Nach den Sagas und Gesetzestexten war für die Größe eines Langschiffes die Zahl von Ruderduchten maßgebend. Fahrzeuge mit *13-sessen* zählten zur untersten Gruppe. Besonders große Langschiffe hatten bis zu *35-sessen*.

Skuldelev 5 mit seinen 13 Ruderbänken gehört zur Gruppe der kleinen Langschiffe in der dänischen Flotte am Ende der Wikingerzeit. Auch deshalb war es für das Wikingerschiffsmuseum Roskilde wichtig, solch ein Kriegsschiff zu bauen.

Anhand der vorhandenen Zeichnungen wurde ein Kartonmodell im Maßstab 1:10 zusammengesteckt und danach ein Holzmodell gebaut. Diese Arbeiten ergaben eine modern erscheinende Rumpfform mit einem schmalen Vorschiff und einem fülligeren, tiefer liegenden Achterschiff. Der Kiel blieb im Mittelschiff gerade. Die insgesamt 17 Spanten waren etwa mit gleichem Abstand von 90 cm eingebaut.

Zahlreiche Schiffsteile, die während der langen Liegezeit im Fjord verloren gingen, waren zu ergänzen. Bauliche Ähnlichkeiten mit dem Wrack Skuldelev 3 ermöglichten es, dortige Teile als Vorlage zu nutzen. Der weitgehend erhaltene Vorsteven war Modell für den fehlenden Achtersteven. Das erhaltene Bugband achtern, das im Stevenbereich die beiden Bordgänge miteinander verbindet, wurde Vorbild für das Bugband beim Vorsteven. Unsicher ist, ob die Steven so spitz ausliefen. Das Kielschwein wurde beim Nachbau nach einem erhaltenen Fragment von einem anderen Fund gestaltet.

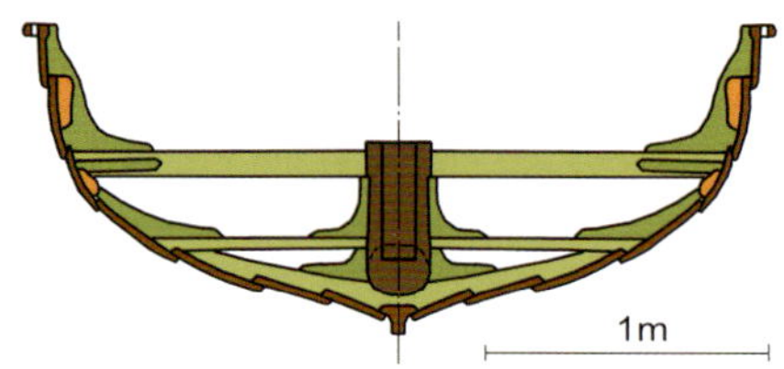

Hauptspant Langschiff Skuldelev 5

Beim Wrack fand man noch ein Stückchen von der Leiste, die außenbords angebracht war, um dort runde Schilde einzustecken. Die für den Nachbau angefertigten Schilde messen 80 cm im Durchmesser, haben am Rand einen Eisenring und in der Mitte einen eisernen Schildbuckel.

Von September 1990 bis August 1991 arbeiteten bis zu sieben Bootsbauer. Der Nachbau, der den Namen Helge Ask erhielt, war in Roskilde der erste, der mit Farbe und Schnitzereien geschmückt wurde.

Man verwendete Farben, wie sie bereits in Wikingerzeiten benutzt wurden und in Dänemark vorkommen. Die Plankengänge strich man abwechselnd gelb oder rotbraun. Unbehandelter Ocker ergab das gelbe Pigment und gebrannter Oker das rotbraune. Diese unorganischen Farbstoffe wurden mit aus Buttermilch gewonnenem Kasein, das als Bindemittel wirkte, zu einer Temperafarbe verrührt. Diese strich man auf den noch nicht getrockneten Holzteer-Leinöl-Bootsanstrich. Das ergab eine haltbare Farbgebung. Ebenso wurden die weißen Linien aufgebracht – Farbpigment war Bleiweiß.

In den Gang unterhalb des Bordganges war beim geborgenen Wrack backbords eine Figur eingeschnitzt, die als ein Schwanz gedeutet wurde. Wahrscheinlich gab es auch steuerbords die gleiche Figur. Dass ein Fahrzeug, das in der Wikingerzeit zur kleinsten Gruppe von Kriegsschiffen gehörte, die den großen Langschiffen vorbehaltene Dekoration mit Drachenhaupt und Drachenschwanz hatte, ist wenig wahrscheinlich. Trotzdem erhielt Helge Ask ein Drachenhaupt, geschnitzt nach einer Figur auf einem Bildstein beim schwedischen Ort Ångby, und einen Schwanz. Beide Teile werden zu festlichen Gelegenheiten auf die Steven gesetzt.

Helge Ask ist ein schnelles, gut segelndes Fahrzeug. Beim Kreuzen erreicht es fast die Werte des kleinen Handelsschiffs Roar Ege.

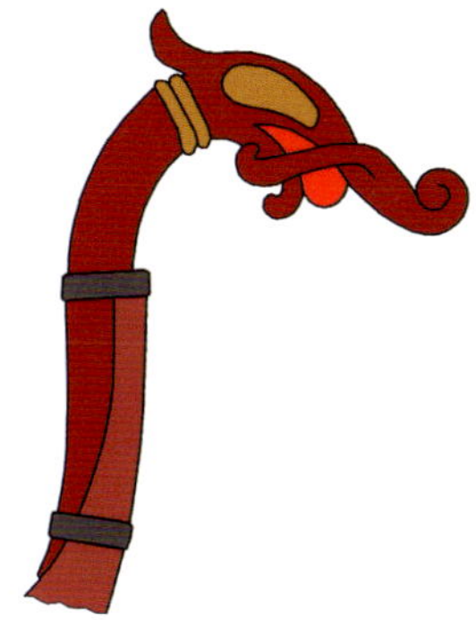

Abnehmbares Drachenhaupt des Nachbaus Hele Ask

Helge Ask im Winterlager – abgedeckt und aufgebockt vor dem Roskilde Fjord

Skuldelev 6 – ein Fahrzeug in zweierlei Gestalt

Fund
Bauort: Sognefjord in Norwegen;
der spätere Umbau ebenfalls dort
Fundort: Roskilde Fjord beim Dorf Skuldelev
Fundjahr: 1962
Baujahr: um 1030
Erhaltungsgrad: 50 Prozent
Ausstellungsort: Wikingerschiffsmuseum Roskilde

Abmessungen
Rekonstruktion: Wikingerschiffsmuseum Roskilde
Länge ü.a.: 11,2 m
max. Breite: mit 6 Plankengängen 2,38 m, mit 7 Plankengängen 2,51 m
Seitenhöhe mittschiffs: 6 Gänge 0,92 m, 7 Gänge 1,28 m
Tiefgang: 0,5 m
Vortrieb: rudern und segeln
Steuern mit Seitenruder steuerbords
Masthöhe: 7,3 m
Segelfläche: 25 m²
Ruderplätze: 26
Ruderplätze als Fischerboot: 14
Besatzung: etwa 15 Personen
Ruderplätze nach Umbau zum Frachtsegler: 4
Besatzung: 5 bis 6 Personen

Originalgetreuer Nachbau
Name: Kraka Fyr
Ort: Museumswerft Roskilde
gebaut vom: Wikingerschiffsmuseum Roskilde
Bauzeit: 1998
Fahrt: segelnd bis 12 kn,
gerudert von 14 Ruderern 5 kn,
von 4 Personen 2,5 kn
Verdrängung voll ausgerüstet: ca. 3 t
Rumpfgewicht: ca. 1000 kg

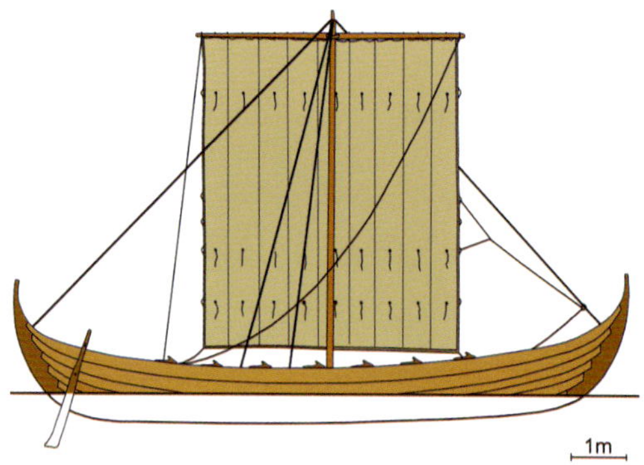

Seitenansicht von Skuldelev 6 als Jagd- und Fischerboot

Kraka Fyr segelnd (Foto: Werner Karrasch, Wikingerschiffsmuseum Roskilde)

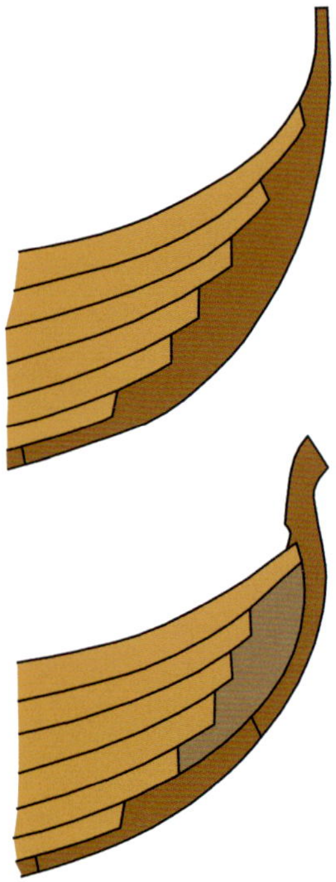

Treppensteven von KRAKA FYR (oben) und mehrteiliger Steven von SKOLDUNGEN

Die Rekonstruktion des Wracks von Skuldelev 6 zeigt, dass es in Norwegen zuerst ein Fischer- und Jagdboot war. Noch zur Wikingerzeit, etwa zeitgleich mit dem Frachtschiff Skuldelev 1, wurde es zum Frachtsegler mit einem nun aufgesetzten 7. Plankengang umgebaut. Sein Rumpf weist einen Längsknick im Unterwasserbereich auf. Außer Eiche und Kiefer wurde Birke verwendet.

Das Fahrzeug mit sechs Plankengängen aus Kiefernholz sowie Steven und Kiel aus Eiche hatte ursprünglich auf jedem Bordgang sieben Keipen oder, sollte es sehr einfach gebaut sein, auch nur Dollenpflöcke. Letztere wären beim Fischen von Vorteil gewesen, weil sie sich herausziehen lassen, damit das Netz nicht hängen bleibt. Keipen oder Pflöcke ermöglichten es, die bei der Jagd erlegten Robben oder kleineren Wale am Boot festzubinden und leichter bei der Heimfahrt zu transportieren.

Die innere Aussteifung erfolgte ohne zusätzliche Längsverbände mit kleinen Spanten, auf denen kräftige, gebogene Duchten lagen, die aus zwei Teilen gebaut waren und bis zum Bordgang hinaufreichten. Reste eines kleinen Kielschweins weisen hin auf Mast und Segel. Die Ruderer saßen auf lose aufgelegten Ruderbänken, die sich leicht herausnehmen ließen.

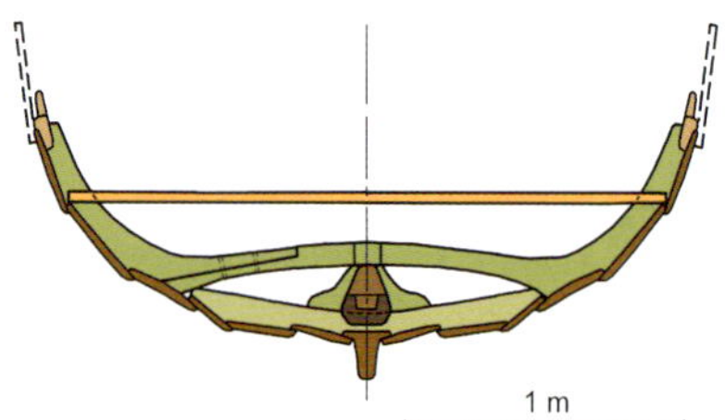

Hauptspant Skuldelev 6. Gestrichelt gezeichnet der beim Umbau aufgesetzte 7. Plankengang

Zu einem unbekannten Zeitpunkt wurde das Boot aus der Fischerei herausgenommen und etwas umgebaut, um Ladefähigkeit und Seetüchtigkeit zu verbessern. Dafür setzte man den 7. Plankengang auf. Vorher hatte man die Keipen entfernt. Mehrere Auflanger stützten den zusätzlichen Plankengang. Das kleinste Fahrzeug von den Skuldelev-Wracks wurde nun als Transporter für Fahrten zwischen Norwegen und Dänemark benutzt. Bestand die Fracht aus Säcken voll Getreide oder Fässern mit Hering oder anderem Fisch?

Das originale Boot hatte man wiederholt repariert und dabei neue Plankenstücke aus Eiche eingefügt. Wo wurden diese Arbeiten ausgeführt?

Die Museumswerft Roskilde baute 1998 das Fahrzeug so nach, wie es ursprünglich in der Fischerei und Jagd verwendet wurde. Es erhielt den Namen KRAKA FYR. Tauwerk und Segel wurden gezielt aus ursprünglich verwendetem Material gefertigt: Wolle für das Segel, Lindenbast für die Taue zur Masthalterung und Rosshaar für die Brassen und Schoten. Das bot die Möglichkeit, die Haltbarkeit dieser Materialien langfristig zu testen. Ein zweiter Nachbau der Museumswerft entstand im Jahr 2012 und bekam den Namen SKOLDUNGEN. Seine Steven wurden aus mehreren Teilstücken zusammengefügt.

Ausblick

Die Wikinger hielten in fast 300 Jahren an vielen Baumerkmalen im Schiffbau fest. Es blieb beim Seitenruder steuerbords, bei Spaltplanken für die Beplankung und den vorn und achtern stets spitz auslaufenden Fahrzeugen. Deutliches Merkmal für Wikingerschiffe waren die klinker gesetzten Außenhautplanken mit Eisennieten (Nagel + Klinkscheibe).

Die universell einzusetzenden Fahrzeuge vom Typ Gokstadschiff mit vielen Ruderplätzen und einem Rahsegel am umlegbaren Mast ließen sich als Transporter für Krieger, Händler oder Auswanderer verwenden. Sie erfuhren eine Weiterentwicklung in zwei Richtungen. Zum einen war es das Langschiff, das Kriegsschiff mit dem von der Mannschaft umzulegenden Mast, mit fast

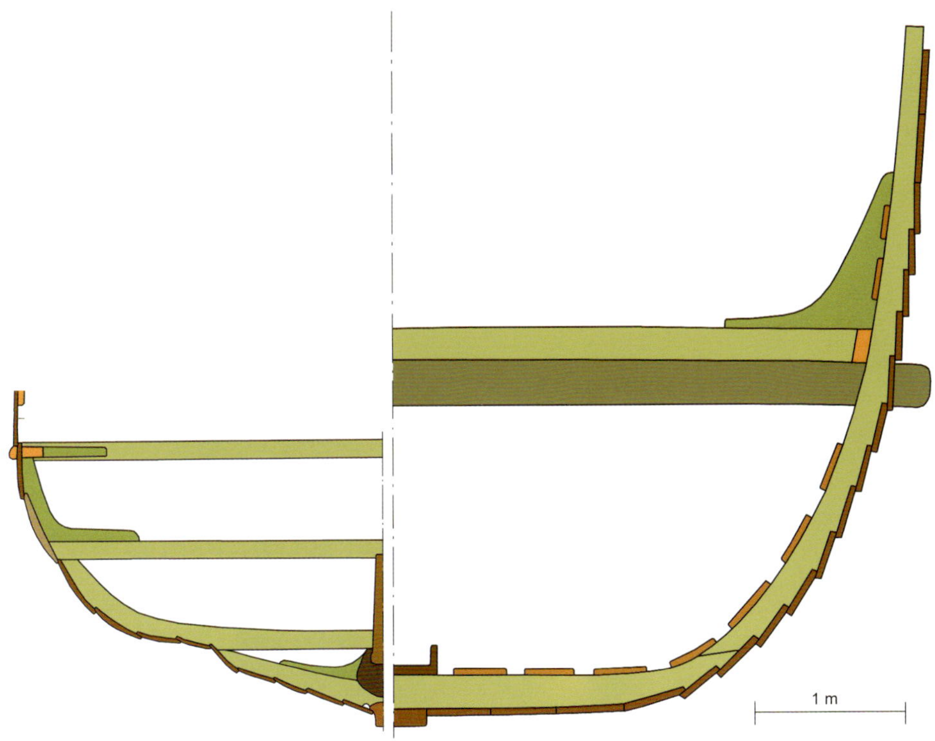

Der Frachtsegler Skuldelev 1 der Wikinger aus dem 11. Jahrhundert und die etwa 300 Jahre später gebaute Darß-Kogge, ein Frachtfahrer der Hansezeit

über die ganze Länge angeordneten Ruderplätzen und dem Rahsegel. Die Langschiffe wurden bis zum Ende der Wikingerzeit immer größer. Fahrtbereich waren Ost- und Nordsee, die Irische See sowie die norwegischen Fjorde. Funde vermitteln unser Wissen über diese Wikingerschiffe, das die Sagas vervollständigen.

Zum anderen entstand, um den immer wichtiger werdenden Warentransport zu bewältigen, ein Frachtsegler, bei dem das Segeln dominierte. Mit geringer Bemannung und einem verhältnismäßig großen Schiffsbereich für Ladung segelten solche Fahrzeuge mit fest eingebautem Mast auch auf dem Atlantik. Funde zeigen, wie man kleinere und größere Frachtsegler einst baute.

Die Langschiffe, die für den Transport von Kriegern mit Waffen und persönlichen Utensilien eingerichtet waren und auf deren Deck Seeschlachten stattfanden, entsprachen am Ende der Wikingerzeit nicht mehr der veränderten Kampfweise. Seeschlachten wurden vermieden. Auch fanden auf den Langschiffen die nun bei den Kriegen an Land dominierenden Ritter mit Pferd und schwerem Panzer nicht mehr den nötigen Platz. Gleichzeitig wurde der Handel eine wichtige Einnahmequelle für die regionalen Kleinkönige. In der Handelsfahrt bekam die Knorre, der Frachtfahrer der Wikinger, ein für die damalige Zeit schneller Segler, nach der Wikingerzeit zunehmend Konkurrenz durch die Kogge. Die frühen Koggen mit zuerst noch klinker gesetzter Außenhaut waren robust gebaut. Das erhöhte die Schiffssicherheit bei sperriger, schwerer Ladung oder Stößen von außen.

Die Koggen hatten gerade Steven. Das Ruder wechselte an den Achtersteven. Es blieb bei einem Mast mit dem Rahsegel. Die Koggen waren deutlich größer und luden viel mehr Fracht als die Knorren der Wikinger, die nach und nach zugunsten dieser Vorteile aufgegeben wurden. Die Kogge wurde zum dominierenden Schiff der frühen Hansezeit.

Die Tradition des Wikingerschiffbaus hielt sich am längsten hoch im Norden. Dort wurden noch zu Beginn des 20. Jahrhunderts kleine Holzboote genutzt, die man in alter Art baute und mit einem Rahsegel takelte.

Literatur

Andersen, B., E. Andersen, Råsejlet – Dragens Vinge, Roskilde 1989

Andersen, E., O. Crumlin-Pedersen, S. Vadstrup, M. Vinner, Roar Ege, Skuldelev 3 skibet som arkæologisk eksperiment, Roskilde 1997

Bischoff, V., K. Jensen, Ladby II, The Ship, in: A. C. Sørensen, Ladby, A Danisk Ship-Grave from the Viking-Age, Ships and Boats of the North, vol. 3, Roskilde 2001, S. 181–248

Bischoff V., Reconstruction of the Oseberg Ship, Evaluation of the Hull Form, in: N. Günsin, Hrsg., Between Continents, Procedings of the Twelfth International Symposium on Boat and Ship Archaeology, Istanbul 2009

Bischoff, V., Hull form of the Oseberg ship, Maritime Archaeology Newsletter from Denmark No 25, 2010, S. 4–9

Bonde, N., A. E. Christensen, Dendrochronological dating oft Viking Age ship burials at oseberg, Gokstad and Tune, Norway, Antiquity: a quarterly review of world archaeology Antiquity Pbl. York, 67 (1993), S. 575–583

Braun, M., Untergang der Ormen Friske. Ein technischer Untersuchungsbericht, Internetveröffentlichung 2004

Brøgger, A. W., H. Falk, S. Grieg, H. Shetelig, Osebergfundet, Kristiana 1917, Bd. I–III

Brøgger, A. W., H. Shetelig, Vikingsskipene. Deres forjengere og etterfolgere, Oslo 1950

Brøndsted, J., Die große Zeit der Wikinger, Neumünster 1960

Capelle, T., Die Wikinger, Stuttgart 1971

Carter, W. H., Wie die Wikinger, München 2003 (übersetzt von K. Dietzfelbinger, engl.: A Viking Voyage, New York 2000)

Cetto, A.M., Der Wandteppich von Bayeux, Orbis Pictus Band 53, Bern 1969

Christensen, A.E., Führer durch das Wikingerschiffmuseum Bygdøy·Oslo·– Norwegen, Universitetets Oldsaksamling 1980

Crumlin-Pedersen, O., Das Haithabuschiff, Neumünster 1969

Crumlin-Pedersen, O., M. Vinner, Hrsg., Sailing into the Past, Roskilde 1986

Crumlin-Pedersen, O., Ship Types and Sizes AD 800 – 1400, in: Aspects of Maritime Scandinavia AD 200 – 1200, Roskilde 1991, S. 69–82

Crumlin-Pedersen, O., Hrsg., Aspects of Maritime Scandinavia AD 200–1200, Proceedings of the Nordic Seminar, Roskilde 1991

Crumlin-Pedersen, O., O. Olsen, Hrsg., The Skuldelev Ships I, Topography, Archaeology, History, Conservation and Display, Ships and Boats of the North 4.1, Roskilde 2002

Crumlin-Pedersen, O., A. Trakadas, Hjortspring, A Pre-Roman Iron-Age Warship in Context, Ships and Boats of the North, vol. 3, Roskilde 2003

Crumlin-Pedersen, O., Archaelogy and the Sea in Scandinavia and Britain, A personal account, Maritime Culture of the North 5, Roskilde 2010

Dammann, W., Das Gokstadschiff und seine Boote, das Logbuch (Sonderdruck), Heidesheim 1983

Ellmers, D., Frühmittelalterliche Handelsschiffahrt in Mittel- und Nordeuropa, Neumünster 1972

Elsner, H., Wikinger Museum Haithabu: Schaufenster einer frühen Stadt, Neumünster 1989
Engelhardt, C., Nydam Mosefundet, København 1865
Englert, A., Reisegeschwindigkeit in der Wikingerzeit – Ergebnisse von Versuchsreisen mit Schiffsnachbauten, Experimentelle Archäologie in Europa, Bilanz 2012, S. 136–150
Faber, G., Die Normannen, Piraten, Entdecker, Staatengründer, München 1976
Falk, H., Altnordisches Seewesen. Wörter und Sachen 4 (1912), S. 1–122; auch als Sonderdruck: H. Falk, Altnordisches Seewesen, Heidelberg 1912
Fenger, N. P., J. A. Jørgensen, H. P. Rasmussen, K. V. Valbjørn, M. Vinner, Das Hjortspringboot, Vom Nachbau zur Probefahrt, dt. Übersetzung A. Englert, Schleswig 2003
Fircks, J. v., Wikingerschiffe, Rostock 1979
Fircks, J. v., Normannenschiffe, Rostock 1986
Fircks, J. v., ... und setzten zum Andenken Steine (Maritime Steinzeugnisse), Rostock 1991
Fircks, J. v., Der Nachbau eines altslawischen Bootes, Lübstorf 1999
Förster, T., Schiffe der Hanse, Rostock 2009
Frydendahl, K., The summer climate in the North Atlantic about the year 1000, in: Viking Voyages to North America, Roskilde 1993, S. 90–94
Gøthche, M., Measuring the Nydam Boat, Maritime Archaelogy Newsletter from Roskilde, 5 (1995), S. 18–20
Graham-Campbell, J., D. Kidd, The Vikings, London 1980
Graham-Campbell, J., Das Leben der Wikinger, Krieger, Händler und Entdecker, München1982
Graham-Campbell, J., Cultural Atlas of the Viking World, Abingdon 1994, Mitarbeit von C. Batey, H. Clarke, R. I. Page, N.S. Price
Heinken, S., Ein Schiff für die Götter, National Geographic Deutschland, Mai 2013, S. 8, S. 90–101
Herrmann, P., Geschichte von dem starken Grettir, dem Geächteten, Thule Altnord. Dichtung Band 5, Düsseldorf-Köln 1963
Jansson, S. B. F., Runes in Sweden, Värnamo 1997
Jansson, S., A Hjortspring boat from Northern Sweden? Maritime Archaeology Newsletter from Roskilde 2 (1994), S. 16–17
Johannessen, F., Båtene i Kvalsundfunnet, Bergens Museum Årbok 1928
Johannessen, F., Båtene fra Gokstadskibet, Viking 4 (1940), S. 125–130
Jöns, H., F. Lüth, M. Müller-Wille, Ausgrabungen auf dem frühgeschichtlichen Seehandelsplatz Groß Strömkendorf, Germania 75 (1997), 1. Halbband, S. 193–221
Jørgensen, B. E., The Viking Ships, Roskilde 1993
Kjelland, K., Hvordan seilte Vikinge med sine båter. Viking 18 (1954), S. 227–234
Krause, W., Runen, Berlin 1970
Lienau, O., Die Bootsfunde von Danzig Ohra aus der Wikingerzeit, Danzig 1934
Lienau, O., Der Teppich von Bayeux, Schiffahrt und Hafenbau 42 (1941), S. 284–298
Logan, F. D., Die Wikinger in der Geschichte, Stuttgart 1987
Løset, J. O., Vikings ships and Norse wooden boats, www.vikingeskib.com
Mühlen, B. v. z., Die Kultur der Wikinger in Ostpreußen, Bonn 1975
Nicolaysen, N., Langskibet fra Gokstad ved Sandefjorden, Kristiana 1882
North, M., Geschichte der Ostsee – Handel und Kulturen, München 2011
Norwich, J. J., Die Wikinger im Mittelmeer, Wiesbaden 1968
Nylén, E., Bildstenar, Visby 1977

Odelberg, M., L. Thälin-Bergman, J. Zachrissen, Die Wikingerzeit in Schweden, Stockholm 1995
Olsen, O., O. Crumlin-Pedersen, Vikingskibene i Roskilde Fjord, København 1962
Olsen, O., O. Crumlin-Pedersen, The Skuldelev Ships, Acta Archaeologica 38 (1967), S. 73–173
Oxenstierena, E. Graf, Die Wikinger, Stuttgart, Berlin, Köln 1966
Rieck, F., The National Museum's Nydam Projekt, Maritime Archaelogy Newsletter from Roskilde, 19 (2002), S. 14–15
Ropars, G., u. a., Viking navigation by polarized skylight ..., Proc. R. Soc. A (2012), 468, S. 671–684
Rosenberg, G., Hjortspring, Reallexikon der Vorgeschichte, Berlin 1926, Bd. V, S. 332–333
Rosenberg, G., Hjortspringfundet, Nordiske Fortidsminder, København 3 (1937), H.1
Rud, M., Der Teppich von Bayeux und die Schlacht bei Hastings 1066, Kopenhagen 1992
Sawyer, P., Hrsg., Die Wikinger – Geschichte und Kultur eines Seefahrervolkes, Stuttgart 2001. Beiträge von J. L. Nelson, S. Keynes, D. ó Corráin, S. Rafnsson, T. S. Noonan, N. Lund, J. Bill, P.M. Sørensen, L. Lönnroth, P. Saywer
Schoknecht, U., Menzlin, Berlin 1977
Schnall, U., Navigation der Wikinger, Oldenburg/Hamburg 1975
Shetelig, H., Das Nydamschiff, Acta archaeologica 1 (1930), S. 1–19
Shetelig, H., F. Johannessen, Kvalsundfundet och andre norske myrfund av fartøier. Bergens Museums Skrifter, 2 (1929), Nr. 2
Simek, R., Die Wikinger, München 1998
Smolarek, P., Zabytki Szkutnictwa Skandynawskiego (Relicts of scandinavian boat bulding), Gdańsk 1963
Spelde, G., Geschichte der Lotsenbrüderschaften an der Außenweser und an der Jade, Bremen 1996, S.13: Das Lotsenwesen der Wikinger
Steinsland, G., P.M. Sørensen, Vikingarnas värld, Stockholm 1998
Stenberger, M., Vorgeschichte Schwedens, Berlin 1977
Sørensen, A. C., K. Jensen, V. Bischoff, The Ladby ship – a Phantom Ship recreated using computers and perspex, Maritime Archaeology Newsletter from Roskilde. 10 (1998), S. 19–25
Sørensen, A. C., The ship-grave from Ladby, Maritime Archaeology Newsletter from Roskilde, 12 (1999), S. 9–13
Sørensen, A. C., Ladby, A Danish Ship-Grave from the Viking Age, Ship and Boats of the North 3, Roskilde 2001
Thorvildsen, K., Ladby Skibet, Nordiske Fortidsminder, København 6 (1957), Nr. 1
Thorvildsen, K., Das Wikingerschiff von Ladby, Kopenhagen 1967
Thorseth, R., SAGA SIGLAR, Im Wikingerschiff um die Welt, übersetzt von W. Dammann, Bielefeld 1992
Vadstrup, S., I vikingernes kølvand, Roskilde 1993
Vebæk, C. L., S. Thirslund, The Viking Compass, Skjern 1992
Vinner, M., Vikingeskibsmuseets Både, Roskilde 2002
Wilson, D. M., The VIKINGS and their origins, London 2001
Wilson, D. M., Der Teppich von Bayeux, Lahnstein 2010
Zausch, K., Nachrichten aus der Rahseglerszene, www.rahsegel.de
Åkerlund, H., Ass och beitas. Något om vikingarnas rigg och segelförning, Unda Maris 1955–1956, Stockholm 1956
... Daten zum Sonnenstand, nach: www.mondkalender.de

... Die Wikinger: Abenteurer aus dem Norden. Köln 2001; Original Vikings: Raiders from the North, Time Life Books 1994

Monatskarten für den Nordatlantischen Ozean. Hrsg. Bundesamt für Seeschifffahrt und Hydrographie, Hamburg, Rostock1998

... Viking Voyages to North America, Roskilde 1993

... Welcome on board! The Sea Stallion from Glendalough, A Viking longship recreated, Roskilde 2007

... Wikinger, Waräger, Normannen, Die Skandinavier und Europa 800–1200, Ausstellungskatalog Berlin 1992

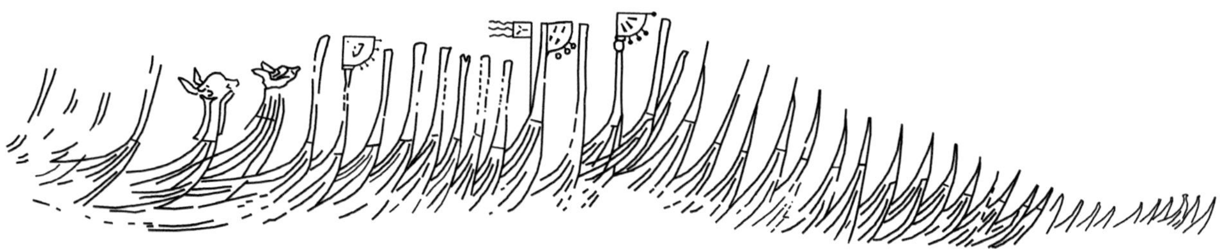

Eine in Bergen/Norwegen gefundene Knochenritzung mit vielen, für die Wikingerzeit charakteristisch hohen Steven, die teilweise Wetterfahnen tragen

Glossar

Auflanger – Oberteil eines zusammengesetzten Spantes oder neben bzw. zwischen zwei Spanten innen auf die Planken gesetztes Balkenstück

Backstag – Stag ist ein Tau, das den Mast in Längsrichtung eines Schiffs stützt. Backstag ist Tauwerk, das den Mast von achtern sichert. Das Vorstag verbindet Masttopp und Vorschiff.

Backbord, Steuerbord – Bezeichnungen für die Boots- bzw. Schiffsseiten. Steuerbord bedeutet die vom Heck zum Bug gesehene, rechte Seite. Das geht auf die Wikingerzeit zurück, weil damals das Ruder rechtsseitig im Achterschiff angebracht war. Die Farbe Grün kennzeichnet Steuerbord. Rot ist die Farbe für Backbord, wie die linke Schiffsseite heißt. Für die Herkunft des Wortes Backbord werden unterschiedliche, wenig überzeugende Begründungen genannt. Im englischen Sprachgebrauch ist die Verbindung mit dem rechtsseitig gesteuerten Fahrzeug zu erkennen. An Steg und Kai im Hafen legte solch ein Fahrzeug mit der Gegenseite zum Ruder an. Daraus wurde die Hafenseite portside oder port für die linke Seite. Die Bezeichnung starboard für die Gegenseite ist schwierig zu deuten.

Balkweger – Weger ist eine Längsversteifung des Rumpfes. Balkweger sind Auflager für Decksbalken oder Duchten.

Bite – Querbalken, der bei den Wikingerschiffen von Spantkopf zu Spantkopf (oberer Abschluss vom Spant) reicht.

Bordgang – Gang ist auch die Bezeichnung für horizontal zwischen zwei Nähten beim Rumpf verlaufende Planken, deren Einzelstücke sogenannte Stöße, die oft als Laschen ausgeführt sind, miteinander verbinden. Der Bordgang, auch Schergang genannt, schließt den Rumpf nach oben ab.

Brasse – Tau, das an der Rahnock (= Ende der Rah) festgemacht nach achtern zum Rumpf führt. Es dient zum Verstellen der Rah und damit zur Änderung der Segelstellung. Unterschieden wird zwischen Luvbrasse (Windseite) und Leebrasse (windabgekehrt). Vielfältig sind die dazugehörenden Tätigkeitswörter: anbrassen (Schiff dreht mehr zum Wind hin), backbrassen (Wind soll von der falschen Seite ins Segel einfallen), rundbrassen (das Schiff wechselt die Seite zum Wind), vierkantbrassen (Segel genau quer zur Schiffslängsachse stellen), vollbrassen (Wind füllt das ganze Segel).

Bugband – Ein Winkelstück zum Verbinden der Bordgänge auf beiden Rumpfseiten beim Vorsteven. Ein Heckband hat die gleiche Funktion am Achtersteven bei achtern spitz auslaufenden Rümpfen.

Dolle – Widerlager beim Boots- bzw. Schiffsrumpf für den Riemen beim Rudern

Ducht – Ruderbank

fieren – Leine langsam nachgeben, ein Segel herunterlassen.

Freibord – Hier im Sinn von über dem Wasser liegenden Teil des Rumpfes, wo bei Schräglage das Wasser zuerst einfließt. Bei heutigen Seeschiffen ist Freibord ein gesetzlich definierter Begriff.

Gut, stehendes bzw. laufendes – Bei der Takelage umfasst stehendes Gut (Wanten, Stage) alles Tauwerk, das den Mast hält, laufendes Gut bezeichnet die zum Bedienen der Segel benötigten Leinen.

Hahnepot – Zur Verteilung der Zugkraft von einer Leine gehen von einem bestimmten Punkt mehrere

Enden auseinandergespreizt ab, was zur Bezeichnung Hahnenfuß, niederhochdeutsch Hahnepot, führte.

Helling – Eigentlich ist das auf einer Großwerft der Schiffbauplatz, der zum Wasser hin geneigt ist, damit der Rumpf beim Stapellauf selbst abläuft. Hier als Platz für das Zusammenstecken der Kartonmodelle oder als Baustelle eines Wikingerschiffs benutzt.

kalfatern – Einbringen von mit Teer getränktem Dichtmaterial in die Nähte eines Rumpfes, um ihn wasserdicht zu machen

Kielschwein – Ein im Innenraum eines Schiffes eingesetzter Balken, der in Längsrichtung, parallel zum Kiel auf den Spanten aufliegt, die Längsfestigkeit verstärkt und gegebenenfalls Mastauflage ist. Die Wikinger gestalteten das Kielschwein so, dass das Mastaufrichten möglich wurde.

Klampe – Eine fest eingebaute Vorrichtung zum Belegen (zeitweiliges Festmachen) von Leinen. Hat oft die Form eines zierlichen, aus Holz gefertigten Ambosses.

klinker – Bei dieser Bauweise liegen die Ränder der Plankengänge dachziegelartig übereinander. An diesen Stellen, Lahnung genannt, werden die Verbindungselemente (Nägel, Niete, Holzdübel) und das Dichtmaterial eingebracht. Eine andere Art, hölzerne Plankenboote zu bauen, setzt die Planken kraweel, stumpf, gegeneinander. Diese Bauweise kommt im Nord- und Ostseeraum erst während der Hansezeit im Koggenbau auf.

Knie – Gewachsenes Krummholz zur Versteifung eines Winkels.

Lehre – Prüf- und Messwerkzeug mit fester Form

Liek – Kante eines Segels, die beispielsweise beim Rahsegel jeweils an allen vier Kanten mit dem angenähten Liektau verstärkt wird

Malle – Modellschablonen für den Rumpf, die im vorgegebenen Abstand an dem Kiel und dem Baugerüst der Helling aufgestellt werden und bei den klinker gesetzten Planken für die obere Innenkante der Planken das Baumaß sind.

Mast, -fuß, -spur, topp – Der Mast der Wikingerschiffe besteht aus einem Stück, das bei kleineren Fahrzeugen oft mit der Wurzelseite nach oben eingebaut wurde. Die Bearbeitung des Stammes erfolgt so, dass zuerst ein Vierkant mit geraden Längskanten, dann daraus ein Achtkant gearbeitet wird, um erst dann rundzuhobeln. Der Mastfuß ist der oft vierkantige Zapfen am unteren Mastende. Topp heißt die Mastspitze. Mastspur wird die Mastaufnahme im Kielschwein oder in einem Spant genannt, der extra breit ausgeführt ist oder dort eine angesetzte Dopplung bekommt.

Ortszeit – Sie richtet sich nach dem jeweiligen Längengrad. Für sie ist der Sonnenzenit maßgebend, weil dort dann die Ortszeit mit 12 Uhr beginnt. Die so bestimmte Ortszeit ist auf diesem Längengrad überall gleich; jedoch ändert sich die Sonnenhöhe über dem Horizont mit den Breitengraden und den Jahreszeiten.

Planke – Im Schiffbau Brett als Bestandteil der Außenhaut. Bei den Wikingerschiffen gibt es außer den Außenhautplanken die lose, nicht wasserdicht verlegten Decksplanken oder die einzelne, lange Bohle, als Laufplanke zum Anbordkommen.

Rack – Ringförmige Halterung, um die Rah mit dem Mast so zu verbinden, dass die Rah aufgeholt oder gefiert werden kann.

Rahsegel – Das vierkantige, aus mehreren Tuchbahnen bzw. Tuchstücken zusammengenähte Rahsegel wird an der oberen Liek von einem Rundholz, der Rah, getragen. Bei Rahsegeln wechseln Luv- und Leeseite nicht. Das unterscheidet sie vom dreieckigen oder trapezförmig geschnittenen Schratsegel, bei dem die Liek, die dem Bug zugewandt ist, von einem Stag oder dem Mast gehalten wird. Bei ihnen sind oft zusätzliche

Rundhölzer (Sprietbaum zur diagonalen Aussteifung, Großbaum an der unteren Liek und/oder Gaffel zum Spannen der Oberliek) nötig.

Reffen – Bei Starkwind wird die Fläche eines Rahsegels durch Zusammenbinden des Segels parallel zur Rah oder zur Unterliek verkleinert. Dazu werden in das Segel eingearbeitete Reffbändsel benutzt.

Rigg – Takelage, also die Gesamtheit von Mast und Segel sowie stehendem und laufendem Gut

Riemen – Rundholz mit Blatt, um damit zu rudern

Ruder – Seemännisch für das Steuer, das mit einer Pinne bedient wird

Schott – In das Rumpfinnere eingebaute, wasserdichte Trennwand

Schot – Beim Rahsegel die Leine, mit der die leeseitige Ecke des Segels nach achtern Halt hat. Hals ist die luvseitige Leine, mit der das Segel im Vorschiff festgemacht wird. Jede untere Segelecke hat eine nach achtern führende Schot, hinzu kommt bei größeren die Halsleine.

Schothorn – Heute meint man damit die an der Unterliek verstärkte Ecke des Segels mit einer Kausch (ringförmige, metallische Hülse) zum Befestigen der Schot. Ursprünglich wurde beim Rahsegel das Liektau an jeder unteren Segelecke mit so viel Lose angenäht, dass, wenn es dort mit Takelgarn dicht am Segel zusammengebunden wurde, eine Öse entstand. Daran band man Schot und Hals mit einem speziellen Knoten, dem Schotstek. Legel heißen andere in das Liektau gespleißte Augen oder Schleifen zum Befestigen von Leinen am Segel.

Schratsegel – siehe Rahsegel

Spanten – Schiffsrippen zur Querversteifung des Rumpfes, werden bei geklinkerter Beplankung nach dem Setzen der Planken eingepasst. Eine kraweele Außenhaut wird auf vorher aufgestellte Spanten aufgebaut. Kurze, nur im Bereich des Schiffsbodens liegende Schiffsrippen werden oft Wrangen genannt.

Sponung – In einen Kiel mit viereckigem Querschnitt und einen Balkensteven wird im Holzschiffbau eine Nut eingearbeitet, in die die Planken einlaufen und dadurch formschlüssigen Halt bekommen.

Steuerbord – siehe Backbord

Steven, Vor- und Achtersteven – bilden bei den Wikingerschiffen den vorderen und hinteren Abschluss des Rumpfes.

Stringer – Längsversteifung im Schiffsinnenraum. Während die Wikinger Stringer direkt auf die Planken aufsetzten, liegen im gegenwärtigen Bootsbau die Stringer auf den Spanten auf.

Talje – Ein leichter Flaschenzug mit zwei, ein- oder mehrscheibigen Blöcken. Ein Block ist ein Klotz mit einem Schlitz bzw. mehreren Schlitzen, in denen heute jeweils eine Rolle (= Scheibe) auf einer Achse zur Führung von Tauwerk angeordnet ist. Wikinger benutzten auch Blöcke ohne Scheiben, was den Kraftaufwand beim Aufholen oder Fieren erhöhte.

Topp – siehe Mast

Wanten – Taue, die den Mast seitlich halten

Danksagung

Herrn Dr. Anton Englert danke ich sehr für die Zusendung seines Manuskripts über die Reisegeschwindigkeiten von Wikingerschiffen und darüber hinaus für seine vermittelnde Hilfe beim Zustandekommen dieses Buches und die fördernden Hinweise zum Manuskript.

Gedankt wird Frau Vibeke Bischoff für die Angaben zum Ladbyschiff und den fünf Skuldelev-Fahrzeugen sowie die helfende Durchsicht meines Manuskripts.

Frau Ute Drews vom Wikinger Museum Haithabu danke ich ebenso für die freundliche Unterstützung wie Herrn Martin Braun für seine Informationen zu ORMEN FRISKE.

Dank gebührt Herrn Kapitän Konrad Michaelis für die Mitteilungen zur Seefahrt in nördlichen Breiten.

Und nicht zuletzt habe ich dem Hinstorff Verlag und besonders Frau Eva Maria Buchholz sehr zu danken, dass nach den WIKINGERSCHIFFEN 1979 ein vollständig neu verfasstes Manuskript gedruckt wird, das über Fortschritte der letzten Jahrzehnte berichtet.

Bereits bei HINSTORFF erschienen

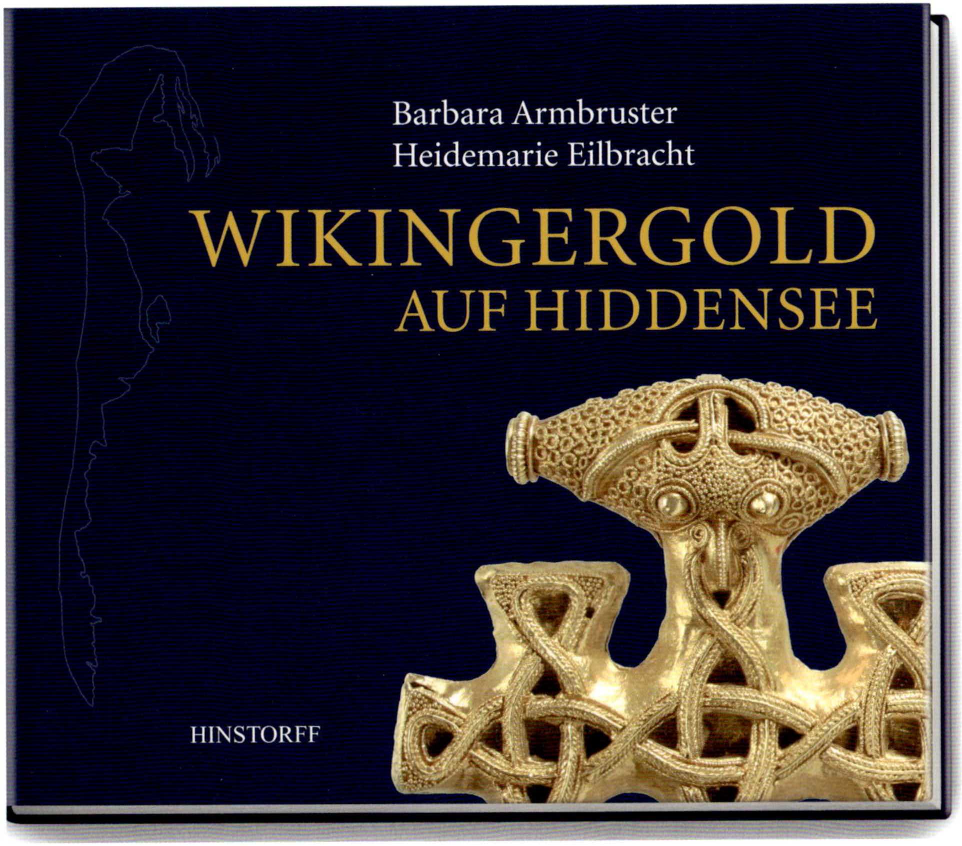

208 Seiten | 190 Abbildungen | Euro 19,90 | ISBN 978-3-356-01393-1

v. Fircks, J.
Ewer, Zeesenboot und andere ältere Fischereifahrzeuge
Euro 24,99
E-Book: ISBN 978-3-356-01348-1

v. Fircks, J.
Wikingerschiffe
Euro 24,99
E-Book: ISBN 978-3-356-01537-9

v. Fircks, J.
Normannenschiffe
Euro 24,99
E-Book: ISBN 978-3-356-01350-4

Die legendäre Blaue Reihe als E-Books

Cover: Havhingsten fra Glendalough (Foto: Werner Karrasch, Wikingerschiffsmuseum Roskilde)
Seite 2: Gaia – der norwegische Nachbau vom Wikingerschiff aus Gokstad (Foto: Øyvind Thuresson)
Rückcover: Helge Ask (Foto: Werner Karrasch, Wikingerschiffsmuseum Roskilde)

Alle Fotografien, wenn sie nicht vom Buchautor stammen, tragen im Untertitel einen Vermerk zu ihrer Herkunft.
Die wiedergegebenen Zeichnungen fertigte der Buchautor. Die benutzten Vorlagen sind nachfolgend aufgeführt, wobei die fettgedruckte Angabe die Stelle im vorliegenden Buch markiert. Leider gelang es nicht immer, zu ermitteln, wer die jeweilige Vorlage gezeichnet hatte. Dann erfolgt nur die Nennung der gedruckten Quelle.

7 (oben) Fenger 2009, S. 9; **7** (Mitte) Morten Gøthche priv. Mitteilung; **7** (unten) Fr. Johannessen in: Shetelig 1929; **9** Reinhard Kühn in: Elsner 1989, S. 16, 19; **8, 11** (rechts) Jöns 1997; **11** (links) John Brennan in: Graham-Campell 1994, S. 187; **12** v. z. Mühlen 1975, S. 261; **13** Logan 1987, S. 209; **14, 68** (links) Erik Nylén 1978 S. 106/107; **17** John Brennan in: Graham-Campell 1994, S. 126; **18** Simon Keynes in: Saweyer 2001, S. 75; **19** Svein Björn Rafusson in: Saweyer 2001, S. 125; **22** Crumlin 2002, S. 330; **23** W. Kirschen in: Lienau 1941, S. 287; **25** Søren Vadstrup 1993, S. 163; **27** Martin Braun, 2004, S. 7; **28** (rechts oben) Nicolaysen 1882; **28** (rechts 2 von oben) Lienau 1934, Tafel V, Abb. 20; **28** (rechts 3 von oben) Olsen 1962, S. 122; **28** (links unten) Søren Nielsen in: Crumlin-Pedersen 2002, S. 150; **28** (rechts unten) Olsen 1967, S. 142; **29** Crumlin-Pedersen 1991, S. 72; **30** (unten) Olsen 1962, S. 24; Søren Vadstrup in: Andersen 1997, S. 104, 123; **39** Harald Åkerlund 1956; **41** Morten Gøthche in: Anderson 1993 S. 131, 133; Søren Vadstrup 1993, S. 177; **44** Svein Björn Rafusson in: Saweyer 2001, S. 125; **47** (oben links; oben rechts) Vebæk 1992, S. 10; **52** Crumlin-Pedersen 2010, S. 88; **54** (oben) Thorset 1992, S. 46; **54** (unten) Vibeke Bischoff in: Welcome ... 2007, S. 10; **55** Werner Dammann 1983, Tafel 11; **57** Andersen 1989, S. 247; **59** Fr. Johannessen in: Brøgger 1917, Bd. I, S. 339; **60** (oben) Fr. Johannessen in: Brøgger 1917, Bd. I, S. 297; **60** (unten) F. M. Glende in: Brøgger 1917, Bd. I, Plan XXI; **63** Arne Emil Christensen in: Dammann, 1983, S. 18; **64, 66** (Mitte) K. Hansen in: Nicolaysen, 1882, Pl. III; **65** Bibby, 1957, S. 305; **66** (oben) K. Hansen in: Nicolaysen, 1882, Pl. I; **66** (unten), **67** (rechts) K. Hansen in: Nicolaysen, 1882, Pl. IV; **67** (oben) Werner Dammann, 1988 Tafel 15; **67** (links Mitte), **68** (Mitte oben) K. Hansen in: Nicolaysen, 1882, Pl. II; **70** Gudrun Heltoff, in: www.ladbyskibslaug.dk; Farben n. Mar. Archaeolog. Newslett. 12 (1999), Rückseite Cover; **71** (oben Mitte) Vibeke Bischoff in: www.ladbyskibslaug.dk; **71** (oben rechts) Vibeke Bischoff in: Mar. Archaeolog. Newslett. 12 (1999) Cover; **71** (unten rechts) Thorvildsen 1967, S. 25; **73, 74** Vibeke Bischoff in: www.ladbyskibslaug.dk; **75** Sune Villum-Nielsen in: Crumlin-Pedersen 1969, S. 93; **76** Sune Villum-Nielsen in: Crumlin-Pedersen 1969, S. 87; **77** Werner Karrasch in: Crumlin-Pedersen 1969, S. 85; **79** Eric Andersen 1989 S. 305; **82** (oben) Ole Crumlin-Pedersen in: Andersen 1997, S. 180; **82** (Mitte), **101** (links) Ole Crumlin-Pedersen in: Andersen 1997, S. 172; **82** (unten) Thorset 1992, S. 46; **84** Søren Nielsen in: Vinner 2002 S. 36; **85** Wikingerschiffsmuseum Roskilde, 25. Sept. 2012 in: www.vikingeskibsmuseet.-dk/typo3temp; **88** Morten Gøthche in: Welcome ... 2007, S. 54/55; 89 Eric Andersen in: Andersen 1997, S. 197; **90** Eric Andersen in: Andersen, 1989, S. 87; **93** Søren Nielsen in: Vinner 2002 S. 28; **96** Eric Andersen in: Andersen, 1989, S. 88; **98, 100** (oben), **100** (unten) Søren Nielsen in: Vinner 2002 S. 32; **101** (rechts) Förster 2009, S. 76; **106** Capelle 1971, S. 65

Liebe Leserin, lieber Leser, wie hat Ihnen die Lektüre gefallen?
Wir freuen uns über Ihre Bewertung im Internet!

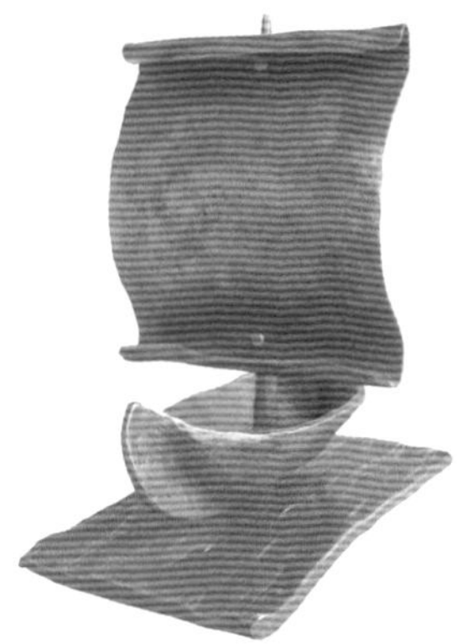